工程师成才之路

——洪礼璧院士讲演集

【马来西亚】洪礼璧　著

中国建筑工业出版社

图书在版编目（CIP）数据

工程师成才之路——洪礼璧院士讲演集/［马来西亚］
洪礼璧著．—北京：中国建筑工业出版社，2011.11（2023.12 重印）
ISBN 978-7-112-13755-8

Ⅰ．①工…　Ⅱ．①洪…　Ⅲ．①工程师-人才成长-文集
Ⅳ．①T-53

中国版本图书馆 CIP 数据核字（2011）第 227387 号

责任编辑：石振华　刘瑞霞
装帧设计：冯彝诤
责任校对：姜小莲　刘　钰

工程师成才之路
——洪礼璧院士讲演集

【马来西亚】洪礼璧　著

*

中国建筑工业出版社出版、发行（北京西郊百万庄）

各地新华书店、建筑书店经销

华鲁印联（北京）科贸有限公司制版

建工社（河北）印刷有限公司印刷

*

开本：850×1168 毫米　1/32　印张：9⅞　字数：275 千字
2011 年 12 月第一版　2023 年 12 月第三次印刷
定价：**36.00** 元
ISBN 978-7-112-13755-8
（41530）

序一

　　光阴如箭，日月如梭，整整 20 年过去了，我与洪礼璧先生第一次巧遇的情景，仍然历历在目，并深深烙印在我的脑海之中。更使我引以为骄傲的是我们一见如故，从此成为了"海阔天空，无所不谈"亲如手足的忘年之交。

　　1991 年初，我以中国深基础学会会长的名义率中国代表团，参加在意大利米兰市郊一个小镇斯曲拉萨举行的第四届国际深基础研讨会。我记得在举行会议的第二天下午，会议间歇时，我和一些随行的同事们，在会场外的草坪上，与各国代表互动交谈，偶然间的转身，我的视线遇到了相距不远的洪先生，在我们各自的直觉驱使下，我们双双向前走近便交谈了起来，和他一起的还有他的同伴关先生，开始时，我们都用英文打招呼和寒暄，稍后，他们才知道我们是来自中国大陆的中国人，我们也发现他们都是能说地道流利中文的华裔马来西亚人。

　　20 年来，我和洪礼璧先生一直保持着轻松愉快和十分密切的联系，我们有机会多次在马来西亚、在中国大陆或在香港相聚，其中也有不少是专程相约赶赴对方与之相聚的。似乎我们两人都有这样的一个理念，作为"君子之交淡如水"的知己，我们交谈的都是我们自己个人和家人的平常而具体的历史片段，以及各人自己所经历的"喜、怒、哀、乐"及其个人的感受而已。期间，我曾多次造访过在马来西亚属于他个人颇具声望的保强工程有限公司，也实地访问考察过该公司承担的众多工程现场和一些业已完成的项目，并有机会与保强公司各层主管交谈，更因为我是土木工程师，我对保强的技术特长和优势也有更多和更深入的了解和认识；至于对洪先生的家庭，我早已成了他们家里的"吃住常客"，由于洪先生的热情好客和对我的挚情，洪先生还多次陪我到他的出生地和故乡参观，与他的亲友们见面交谈，并有机会到他青少年时代，为了接济家境困难而去打工、做小贩的地方。所有这些确实都给了我极为深刻的印象，也引发我思绪万千！

洪先生作为一名土木工程师，他善于学习，善于思考，崇尚实践，追求卓越。他早年发明的混凝土三角桩、深挖岩土测试仪，以及阶梯形钻孔灌注桩等等专利，都在实际工程中，得到了有效的应用和推广。这无疑都是他努力学习，刻苦思考，不断追求，创新实践，取得进步和成就的有力证明。

作为企业家，洪礼璧先生思路明快，善于收集资讯、集成资讯和利用资讯，在制定方案和决策行动时，常常能够"先人一步"，"克敌制胜"，取得成功，可以肯定地说，这在当时刚刚踏入社会工作不久的洪先生，要白手起家，筹办一家企业，并且得到步步发展，取得成功，自然非这样脚踏实地，苦干加巧干不可，同时更需要有坚强不屈的毅力和充满智慧的"点子"（经营谋划和技巧）。这些正是洪礼璧先生所具备的能力和优点。洪先生四十年来的工作经历和他领导下的企业，在风风雨雨的环境中，从无到有，不断成长，开拓创新，屡创佳绩，特别是在 1997 年亚洲金融风暴来临的前夕，洪先生经过周密思考，毅然决然地将他的保强工程有限公司转让出去，这在当时的新、马两国都引起了不小的震动，而当金融风暴真的袭击亚洲时，对这一上市公司抓住时机已经神速地转让成功，此举在亚洲商界成了影响极大、最为耀眼和成功的一个案例。当时我正在中国香港，目睹了许多港报头版头条报道了这一轰动商界的大事件！

洪先生在马来西亚政界有很多朋友，他非常热爱他的祖国马来西亚，但他不从政，他以自己的专业和特有的才能，去争取个人事业的发展和进步，并以此贡献社会，报效国家。倒是他到了近花甲之年退休之后，他的绝大部分时间，几乎都把自己的精力和时间，用于社会公益活动了。马来西亚政府和社会团体也给予了他以莫大的荣誉和重任，据我所知马来西亚政府于 2001 年委他为马来西亚法定社会保险机构主席，连任 4 届 8 年至 2009 年，而且业绩颇丰；在 1995 年洪礼璧先生还荣誉地当选为马来西亚科学院院士；洪礼璧先生特别关心马来西亚华社父老兄弟们的生存和发展，他曾经担任华商诸多社团的领导成员，并多次为华社团体和华社学校作报告，做咨询服务。同时，洪礼璧先生作为炎黄子孙的马来西亚华裔，对中国非常友好，曾多次访问中国，几乎游遍了中国各地；并且在中国各界都有广泛的交往和朋友，他与中国工程院就有很多交流和合作，他倡导设立的东盟工程院，就与中国工程院有定期的交往和合作计划。据说，现在各方已经对形成东盟＋3（中、日、韩）工程院定期联络活动取得了共识，无疑这对大家都是好事。若干年之前，洪礼璧先生应邀，个人出资在南京理工大学设立了洪礼璧讲座基金，至今每年 4 月（一般在中旬），洪礼璧先生亲自有一堂针对青年学子关于学习生活思想教育方面的讲演，我曾经多次，并且我也邀请我的一些朋友一起聆听过这个讲座，大家反映内容和形式都很好，对青年学生很有针对性，可以说是青年学生的励志讲座。近年来，我陆续收集了洪先生的演讲稿，我给我的第三代孙辈们阅读，他们都说看得懂、有益处，因此我萌生了建议洪先生正式出版他的演讲集的想法，以飨更广大的读者群，第一，洪先生的做人、做事的经历和理念，很值得人们借鉴和分享；第二，现时针对青年学生，特别是即将毕业踏上社会工作的学生，尤其是学习土木工程学科的学生，更是一本非常有益的励志书。去年夏天，我恰巧在一个全国会议上，碰到我的老友、前中国建筑工业出版社周谊社长，我向他提出了这一出书的意向，请他帮忙，他立即答应，并表示尽力而为，主要问题是取决于是否有合适的内容。我随即和我的好友洪礼璧先生联络，因为他事先毫无思想准备，他谦虚再三，我则是反复说明，"步步紧逼"。最后总算思想统一，大家真正为此事而动员起来了，对此我感到非常高兴，因此我要特别感谢我的好友周谊先生的大力支持和张罗，他认真负责地接受了这件事，他以对编辑工作非常专业的精神，连续用三个晚上的时间，通读了稿件，之后，他对我说：这是一本值得出版的好书，他将尽力抓紧促成。由于周谊先生的认可和奔波，出书工作已经在今年上半年就顺利开始了，如果一切顺利，这本值得期待的大作，预计今年底可以出版。当然在此，我首先要衷心感谢中国建筑工业出版社沈元勤社长、张兴野书记的大力支持和关心，也要感谢赵梦梅主任、刘瑞霞博士的帮助和支持；同时，我的前苏联留学时的石振华学长是本书的责任编辑，自然他的辛勤付出，我和本书作者都要特别予以感谢和表示敬意。我眼看到我的好友的大作，在诸位朋友通力合作下，就要出版了，我的心情自然感到非常兴奋，特此倾我之心为之序！

原建设部总工程师

许溶烈

2011 年 8 月 8 日于北京

序二

在我所认识的商界及专业领域朋友中，拿督①洪礼璧是与众不同的。他以本身扎实的才学和能力，走出一条不平凡和充满光辉的道路。尽管出身寒微，父母早丧，他从小到大都展现不向困难低头，力求上进的精神，克服了人生中无数的挑战，奠定了自己在事业上和社会上崇高的地位。

读完拿督洪礼璧这本新书的初稿，我认为它对年轻一代可起励志的作用，对建筑领域相关人士可传授宝贵的工作和管理经验及创新思维，它也能为欲深入了解这些年来国际局势演变和关系到人类未来命运的最新发展趋势带来很多的启发。

自1997年受邀担任中国南京理工大学客座教授后，拿督洪礼璧多次以学者身份到这所大学发表专题演讲，与在籍学生分享他在建筑领域的专业知识和创新成果，教导他们做人的道理，特别是在修身和齐家方面，同时也为他们提供创业指引，这种无私的奉献精神令人敬佩。

由此可见，拿督洪礼璧确实是一位博学多才、有智慧及有见地的知识型企业家及有实际经验的工程师，不论是在其专长的建筑领域或服务社会方面都作出了优异的成绩。

大多数人对如何做好人生规划常抱着船到桥头自然直的心态，不会过于认真看待。这种心态其实足以影响一生的际遇。拿督洪礼璧之所以能出人头地，是因为他年轻时就懂得做好人生规划，按部就班地实现其人生的目标。

---

① 拿督（Datuk）为马来西亚联邦最高元首（国王）颁赐给有功人士的其中一种联邦授勋。更高的联邦授勋为敦（Tun）和丹斯里（Tan Sri）。此外，马来西亚的各州苏丹或各州元首，也会颁赐州封衔，最高者为拿督斯里（Dato'Sri），接下来是拿督（苏丹颁赐的称Dato，州元首颁赐的也称Datuk）。

拿督洪礼璧把人生分成三个阶段，第一阶段是"学习、求知识、学做人、充实自己"，第二阶段是"工作、创业"，第三阶段是"回馈社会"。因此，他在 1998 年初，年方 52 岁就决定从企业界全身而退，转换人生跑道，开始实践人生的第三阶段，把其毕生丰富的学识和经验，用于回馈社会，从非常专业的建筑工程师化身为充满正气及坚持原则的社会工程师。

拿督洪礼璧在人生的第一阶段就非常认真学习，以掌握专业领域的知识和技能，同时他也极为重视个人的品德修养，努力奉行中华文化的四维八德，即礼、义、廉、耻、忠孝、仁爱、信义、和平，使他能在人生的第二阶段，尤其是在创业时具备更强的竞争条件。他成功实践科技创新的理念，为建筑领域发明和开发许多崭新的工程技术和产品，并获取国际专利权，开创个人事业的高峰，赢得各界的认同和肯定。

当拿督洪礼璧进入人生的第三阶段时，开始活跃于商会，正是我积极从政和领导马华公会的时期，我们常有机会针对国家发展和族群权益的课题交换意见和共商良策。他是一位不可多得的智囊人才，肩负社会使命，默默地付出许多心血和努力，把服务社会当作一生的事业。

这是一本具有启发性的书，能让人们读后领悟到必须趁年轻时作好人生规划，激励人们必须具有创造和创新思维，同时必须把服务社会列为最重要的目标，以开创一个更美好和有意义的人生。

前任马华公会总会长兼马来西亚房屋及地方政府部部长

丹斯里黄家定

序三

我认识拿督洪礼璧既深又浅。说"浅",虽然我认识他超过 10 年,感受到他的亲切和祥和,但平时各忙各的,见面的次数少之又少,偶尔饭局或会议相遇,也少深谈,之后又相忘于江湖。说"深",是因为我几位熟悉他的朋友对他称赞有加,我在大学工作的最后几年,对马来西亚的儒商极有兴趣,也开始动手收集一些资料,"洪礼璧"是我兴趣的其中一人,我从旁观察、吸收友人观点,知道更多他的资讯,只是我工作未了即转换跑道从政。

我拿着他交来的历年讲稿与文章,内心有些喜悦。可借这个机会重拾旧趣,为他的新书写上只言片语。其实也不容我置喙,他本就是一个让人眼睛一亮的人物。在马来西亚工程师同行中,他的名字响当当。他是一名土木工程师,也是一名拥有许多项发明专利的发明家。在 44 岁时,他就获得马来西亚工程师协会颁发"工程专业贡献奖",是第 2 位获得表扬,也是往后 20 多年,荣获该项荣誉的工程师中最年轻的得奖者。

我相信很多年轻工程师,包括来自其他领域的年轻人,或者一些对他的经历有兴趣的朋友,将能从这名承办了包括吉隆坡邮政总局、大地宏图大楼、巫统大厦、泛太平洋酒店、香格里拉酒店、御苑大饭店、乐天商业大楼等基础工程的工程师身上,获得灵感及启发。工程师固然以理性主导,但洪礼璧呈献的内心世界不是我们想象中的冷冰冰、机械化,而是热情洋溢,关怀点既广且深,他的眼神闪烁的是智慧和圆融,他呵呵的笑声中带给我们的是淡定和人文关怀。

工程是他的专业,岩土基桩工程则是他专业生活的亮点。我们可以体会他不断求新求变的心情。本书中讲了他对工程界的认知,也指出了工程界的盲点,他要工程师自重,懂得和时代互动,语重心长地不断告诉同行，工程师行业的举足轻重，"尤其是在消除贫穷和可持续性发展方面。"他举了很多例子和同道分享，深入浅出的文字让我们这些非专业者，也能感受到他对后来者恨铁不成钢的心情。对于科技创新，他更是异常重视。书中共收录了 3 篇探讨科技创新的文章。他在"漫谈企业与科技创新"中，认为如果要确保华裔在国家经济发展中仍然居于主流地位，甚至在和世界各国企业竞争中保持优势，就需要借助科技创新。此外，他也著文分析美国成为超级大国和日本成为科技强国与科技创新的关系，两篇文章言简意赅地提供了不少新的资讯和心得。

他让我们这些非专业者觉得更了不起的地方是对中华文化价值观的实践。一切虽有规矩可寻，但他却又懂得调适自己，懂得审时度势、谋定而后动。他在书中与人分享他的经验时，不断强调定位的重要，他神态悠然的后面潜伏很多浅显易懂，但常让经商者忽略的价值观念，包括修身，包括做人，包括学习，包括吸收新知，包括创业，包括诚信等，他缓缓道来，绝不焦躁，最后他加上一句："也要懂得回馈社会"。

当他在 51 岁退出企业界时，同行和客户都惊讶，正当壮年且事业高峰，他为何选择全身而退？我的一位朋友提起他的事迹时，就是以这一点作为切入点，他说此人绝顶聪明，竟能预知经济大风暴，将股票脱售。可是他让人敬佩的绝不只是这一点，他已经为自己规划人生，他思考过介入和服役社会的问题："是时候回馈社会了……我不会退休，我只是将建筑工程换成社会工程。"他轻描淡写地说："以前我是为事业为生意为自己而忙的建筑工程师，现在我是为大众为社会而忙的工程师。"建筑工程也好，社会工程也好，在无穷的蝇营狗苟之间，他不人云亦云，不随波逐流，他知道什么时候出发，什么时候回归原点。更重要的是，归去来中始终有爱，有人文，有关怀，有热情。

他出身寒微，却志向远大。为了帮补家用，在 12 岁的年龄就自已做起了"小生意"——在海浴场摆档口卖糕点饮料。虽然家境贫苦，他仍然咬紧牙根，努力求学，只为了将来改善艰苦的生活环境。在大学生涯时，他已经立定志向，出来社会工作后，凡事尽心尽力，不埋怨计较，最后终于创造出了自己的事业成就。

在离开企业界后这些年来，他一直都活跃在服务社会的工作上。他曾先后担任过马来西亚国家社会保险机构主席、马来西亚华裔经济咨询理事会秘书长和马来西亚中华工商联合总会总财政等职务。目前，他仍然在多个华人社团及工程科技团体提供义务服务，并免费为年轻人讲课。而他的关怀也超越国界，我有一次到中国广西南宁，知道他和几位朋友共同努力，资助广西落后地区的建设。他们做事低调，为人生不断制造善果，若不是那次外出，我自己也无从知道有那么一群人，在他的领导下如何积极为贫困者的生活涂上现代化的色彩。

这本讲演集中收录了多篇他在中国南京理工大学担任客座教授的讲稿，也纳入了一篇他对我国独中生主讲科技创新重要性的文章。从其循循善诱的文字中，我们能够看出他对后辈的爱护和期待，也会更理解为何他会放弃一切事业成就，全心全意投入社会服务工作，并且肯定生命的尊严。他说："如果没有师长们、社会和国家的栽培，我一个早年失去双亲的穷小子，就算我再聪明、再有本事，又怎能顺利地成为一个成功的工程师和企业家。所以我觉得'回馈社会'是应该的。"

我希望这本书的结集出版，能够给予更多年轻人鼓励，让他们更勇于造梦，尽早立定志向，并培养出敬业乐业精神，成为一名优秀而出色的创意人才。功不唐捐，就像拿督洪礼璧一般，默默耕耘、踏实、不唱高调，为社会、为国家建设发展作出积极贡献。

马来西亚高等教育部副部长
何国忠

前言

本书收录了我自 1997 年以来的 14 篇演讲稿和文章。前 8 篇及第 12 篇，是为中国南京理工大学理工科学生所做的讲演，分享我在岩土基桩工程、科技创新与发明、经营企业和参与社会活动等经验。希望借此启迪同学们的立志与定位，认清自己的出路，成为一位对社会对工程有贡献的好工程师。第 9 至 11 篇，这是我在马来西亚，分别为中小型企业、工程师协会和中学生所作的讲演。

第 13 和 14 篇是我探讨美国和日本如何依靠科技创新而兴起强大的。这两篇原本是我尚未完成的另一部书里的文稿，许溶烈教授不断地鼓励我把这两篇也选入这本书内，先与读者见面。

本书能顺利出版，我要感谢多年好友——第一任中国建设部总工程师许溶烈教授，及中国建筑工业出版社前社长周谊先生的穿针引线和大力推荐。也要感激石振华工程师和中国建筑工业出版社同仁的用心与努力，以及霍旭辉先生的从旁协调。

我也要感谢许教授，以及马来西亚好友黄家定先生与何国忠博士为本书作序；更非常荣幸得到周老先生为本书作跋。

希望本书能协助在籍学生、年轻工程师、科技与研发工作者和工商业者，进一步了解科技创新的重要性，能在将来为社会和国家作出贡献。

洪礼璧

2011 年 10 月 21 日

目录

1
怎样做一个对社会对工程有贡献的好工程师

1997 年 6 月 5 日在中国南京理工大学专题讲演①

今天，能有这个机会，在这里和大家谈谈，和大家见面我心里除了感到非常荣幸，我也感到非常的高兴。能和大家相聚一堂，大概是缘分罢！我是马来西亚人，不过也和你们一样，是炎黄子孙。我千里迢迢，以一个工程师和搞企业的身份和大家作一次报告，这可能就是我今天要说的。

我是工程师。所以，今天我选择的讲题，是跟我的行业有关是"怎样做一个对社会对工程有贡献的好工程师"。由于我本身是土木工程师，等一会儿，我所提到的一些例子，大部都是跟建筑和土木工程有关的，希望这些例子，不单是给土木工程师或学土木工程的同学，也希望能给其他的专业和学其他科技或工程的同学带来一些启发。

我今天所要谈的，主要有四点：

第一点是：立志。

要成为一位对社会对工程有贡献的好工程师，我觉得立志，给自己确定方向，给自己确定方位是非常重要的。自己要有一个远景，而且要尽早立志，尽早确定方位，尽早确定方向，这才有可能实现成为一个好工程师的愿望。

第二点是：修身。

修身是不断地学习，不断地增加自己的知识层面，知识层面不但要深，而且要广；修身除了知识以外，同时，也要不断地提升个人的品格和专业道德。我们常听说，老师是灵魂的工程师。可想象到，工

---

① 讲演前中国南京理工大学校领导向洪礼璧院士颁发客座教授证书。不久，洪礼璧院士应邀，个人出资在南京理工大学设立了洪礼璧讲座基金，每年 4 月，洪先生亲自有一堂针对青年学子关于学习生活思想教育方面的讲演。

程师是一个多么崇高的荣誉。我们又常听说：十年树木，百年树人。老师是百年树人，我们工程师，是建国，是建设社会。如果一个老师，没有敬业的精神，没有不断地学习，没有高尚的品格，怎能期望他调教出好的学生？一个工程师，如果没有敬业和专业的精神，没有高尚的道德和品格，又怎样能协助国家社会的进展？

第三点是：创意。

身为一个科学家或工程师，或科技的专才，要对国家、对社会和对人类有一定的贡献，除了敬业乐业以外，也需要有创意。有创意，才能协助国家、社会和人类的进展。才能促进工程这门科技不断地更新，不断地向前推进。

第四点是：知识层面的深与广的重要性。

各位嘉宾、各位同学，等一会儿，我会引用我个人的或我公司的一些例子来说明我刚才所说的四点。我希望各位不要误解，我不是给自己或公司打广告，我这次是纯粹的和各位作学术性的探讨和交流。

我19岁高中毕业，26岁大学毕业，跟各位同学或者是跟我女儿相比，我女儿22岁半就成为工程师了。我不是大器晚成。我女儿有我这位爸爸。而我，很早就没有了爸爸妈妈。我需要半工半读，所以毕业就比人家迟了。我34岁开创保强工程有限公司。我38岁时，保强工程有限公司上市。今天，保强是一家大型的跨国公司。我44岁获得了马来西亚工程学会颁发的"最佳工程贡献奖"我是第二位获取这个奖的人。在我之前的是一位将近70岁，古稀之年的电机老工程师。我50岁，被委任为马来西亚国家科学院院士。马来西亚国家科学院院士只委任55名，最近去世了一人，只剩下54名。这54名的科学院院士，百分之九十，都是六七十岁的老科学家，只有五六个是50岁左右，我是其中一个，算是最年轻的了。

各位，我能有这些许的成就，是跟我很早就立志息息相关。早在念大学的时候，我就把要走的方向确定下来。当我在选科和写毕业论文的时候，我曾经问自己一个很简单的问题：我怎样才能以最快的速度正正当当的出人头地？我要尽快地出人头地，并不是急功近利，因为我觉得，能出人头地，才能得到同业认同、社会的赏识。有同业的认同，有社会的赏识，才能一展自己的抱负，才能把自己的远景变为事实。不然的话，空有才华，无人问津，无人赏识，这不就是我们常常听到有人感叹：怀才不遇！

我是进修土木工程的，土木是最老的一门工程学科。因为是最老的一门工程学科，所以，包罗非常广泛：水利学、结构学、结构学又分钢骨结构、钢筋水泥结构、道路工程、海洋工程、岩土工程、交通工程等。当时，我觉得，要精通每一项科目，成为每一项科目的专才，穷我一生的精力，也未必能达到，所以，我就决定，选一科能让我尽快地出人头地的来下工夫。我告诉自己，假如我学水利学，不管在世界的哪一个角落，水都是从高处往低流。假如我专攻道路工程或交通工程或结构学。在这一方面，西方发达国家都非常发达，要跟西方国家的工程师争一日长短，谈何容易。在当时，就算在马来西亚，这方面的人才也是蛮多的。我选择了岩土工程学。尤其是岩土工程学中的打桩工程和深基础工程，我下了十足的功夫，我选择这门学科，第一是因为这门学科是在比较近期才发展的。这门学科的专家，就算在全世界也是屈指可数，当时，在马来西亚，更是寥寥无几，一位就是我的授业恩师，已故的陈芳基教授；另一位是现任马来西亚工程学会会长也是我的好朋友丁文辉博士。当时，我想假如我专精岩土工程和打桩工程，只要我加倍努力，我不是很快就能在这一行业里坐上第三把交椅吗？当我跟我的华文老师张子深先生谈起这件事时，他问我为什么只争取第三把交椅？我说：假如全国只有我们三个人，能坐上第三把交椅，那不是出人头地了吗？张老师今天也跟我们在一起。再说，岩土工程学，由于地理环境每一个国家的岩石和土壤，都有一定的差别。所以，假如我说，我是马来西亚的岩土学的专家，美国、英国或法国的岩土工程专家，他们未必敢自称是马来西亚岩土工程的专家，也不敢自称对马来西亚岩土工程的认识，比我来得强，比我来得深，那我就不会被他们比下去了。那我就很快能在世界岩土工程这一行业占一席的地位了。这也是出人头地啊！我在大学对岩土和桩基工程的专论，对我往后在岩土工程的发展起了很大的作用。

我大学毕业后，出任马来西亚森美兰州工程局见习工程师，我国是分为13州，就像中国分为34省（市、区）一样，我们的一个州就相当于中国的一个省。当然，我国的一个州，和你们的一个省相比，人口没有你们这么多，地也没有你们这么广。当我在第一天到森美兰州工程局报到的时候。局长指派我为结构设计见习工程师。我记得我告诉我的局长，我希望能参与整个州的岩土工程和桩基工程的设计与施工。我愿意拿一份薪水，做双份的工作。我告诉局长，我会把他所指派的本分工作做好而并不会敷衍他所指派的工作。一般人上班8小时。为了能参与岩土工程和桩基工程的工作，我愿意牺牲我的休闲时间，工作12个小时或16个小时。局长问我：这是为什么？我告诉局长我的志向，我也告诉局长我的远景，我更告诉局长，我还年轻，我不怕辛苦。可能是由于我的坦诚，局长感动了，他答应了我的要求。两年半来在森美兰州工程局，我参与了无数的岩土工程和桩基工程的工作。这让我在我的事业发展上打下了第一支桩，稳健地衬托我往后在岩土工程和桩基工程行业的发展。

为了吸取在这一行业的经验，我离开了森美兰州工程局，到我国首都吉隆坡来闯天下。当我离开森美兰工程局时，曾经有三家公司要聘请我。其中一家是世界著名的 ESSO 石油公司，提供给我的是在海上钻井平台的工作。要训练我成为 Mud Engineer。Mud Engineer 就是泥浆工程师罢！薪水是马币2800元一个月，14天在钻进平台上工作，14天可以回家休息。另外一家是私人的建筑设计院，要我负责土壤和材料设计工作，薪水是马币1800元一个月。还有一家公司是专做岩土工程和桩基工程的设计、施工，业务遍布新加坡和马来西亚两国，给我的薪水是马币 1300 元一个月。这三家公司相比起来，第一家是一家大的跨国公司，薪酬优厚，工作轻松，甚至还常常有机会到美国的总公司受训。第二家薪水虽然少了一点，工作也蛮轻松的。第三家薪水低，而且这家业务遍布新马两地，工作是要到处奔波的，再加上这家公司是一家承包商，也就是中国的施工单位。当时，我国在承包商当工程师的社会地位是最低的。然而，我选择了这一家，我并不是喜欢工资低，我自认我也不是一个不喜欢休闲而只喜欢劳碌的人。我想出人头地，当然不会刻意地去喜欢社会地位低的工作。我选择了这一家，是因为我对我在大学时候立下的方向坚定不移。五年，我在这家公司工作服务五年，在这五年中，我从一位助理工程师，升为项目工程师，项目经理，公司的经理，一直升到总经理。在这五年里，我经历了无数个项目的岩土工程和桩基工程的设计和施工。我吸取了各种各类的岩土工程和桩基工程的技术，我有机会和国内、国外的岩土和桩基工程的专家探讨合作。这五年，奠定了我在岩土工程和桩基工程的地位和声望。在这五年里，我多次被邀作有关岩土工程和桩基工程的专题演讲。

1980 年，当我进入 34 岁的时候，我告诉我自己，是创业的时候了。1980 年，我创立了保强工程公司，专注于岩土工程的桩基工程工作。我以 2 万元马币，也就是 6 万元人民币开创保强工程公司①。18 个月后，我从我国政府承接了一宗要在 6 个月里完成，3000 多万元马币、技术性相当复杂的大型岩土打桩工程。以一个资金少的小公司，能得到政府的重托，是因为我所说的，前五六年在这个行业建立了一定的地位和声望。我不负政府所托，在短短的 4 个月里，提前了两个月完成了这项工程。我国现任总理他那时刚当上总理不久，奖赏了

---

① 当时马币与人民币的比值为 1∶3。

300 万元马币的大奖金给我。从此以后，我国总理马哈蒂尔医生，每次碰到我，都不叫我 Ir. HONG 洪工程师，而叫我 MR. Piler. 也就是打桩先生，打桩的桩。

大概是 1984 年，一家本地权威的工商杂志，说我是从泥土中长大，封我为"打桩大王"。也就在 1984 年年尾，由于保强在岩土工程和桩基工程的成就，公司的业务蒸蒸日上，保强在我国的吉隆坡股票市场上市了。我们是第一家股票上市的建筑公司。

由于在岩土工程和桩基工程的经验和心得，我在马来西亚半岛的南端，衔接新加坡和马来西亚两国新柔长堤北岸的柔佛州的首府新山城，取得了 54 公顷沿岸的海上发展权，应用我多年来所累积的打桩工程的知识与经验，开创了一个可以说是前无先例的海上城市，我把这个新城市命名新山湾。新山湾的发展概念，得到了国内外政商和科技界的认同和赏识。1996 年年中，我国现任总理马哈蒂尔医生亲自为我们主持奠基礼。同年 11 月，也就是 1996 年 11 月我受到日本交通省属下的码头沿海发展研究局的邀请，介绍新山湾的特殊设计和施工概念，对日本和欧美来的专家作了专题演讲，这个概念得到了专家们的赞赏，建议我是否能在日本或加拿大发展这个概念。

自从我国总理在新山湾奠基后，我国总理对我在岩土工程和桩基工程的经验和知识重新评价。这几个月来，总理要我协助他处理几项岩土工程和基础工程技术性比较复杂和难度比较高的大工程。这包括一个占地一千多公顷的沿海商业旅游发展计划建一条 15 公里的沿海铁路，这沿海铁路是要建在沿着海岸的悬崖峭壁上面。另外一个项目是在马来半岛的一个离岛，这小岛，是在郑和下西洋时的海上丝绸之路，风光旖旎被称为世界上最美丽的岛屿之一，不过地势峻峭，发展非常不容易，建筑难度非常高。总理马哈蒂尔医生，要我协助他处理岛上的机场和旅游景点的发展。各位！以上所谈的，是要说明，立志的重要，确定自己的方向的重要，尽早立志尽早确定方向的重要。

上面所谈的这些例子，是想告诉大家，能尽早地立志和确定方向必能取得一定的成果，必能取得国家和社会的赞赏。能取得成果，能受到社会国家的赞赏，就能为社会，为国家作出一定的贡献。假如一个工程师，能为社会国家作出一定的贡献，取得一定的成果，就是一位对工程、对社会、对国家有贡献的好工程师。

谈完了立志，接下来，我要和大家谈一谈修身的重要。谈到修身，我们有一句俗语"学习如逆水行舟，不进则退"；更有一句我们时常拿来劝告年轻人的话："三日不读书，面目可憎，语言无味"。我认为，这两句俗话，在今天资讯发达，科技进展一日千里的情况下更显得重要。假如一个人，拿了一个学士、硕士或博士学位后，就觉得是天下通了，不再进修，不再不断增广和加深自己的知识，以为修成学位后，除了累积经验，高等学府里学到的，就能受用一生，我认为这个人会远远地被抛在社会的后头。我们对不好的医生，常常冠上"庸医"这两个字，不进修的工程师必定会成为一个"庸碌无能的工程师"。大学里短短的几年，我们学到的是有限的、浅薄的和局部的，要成为一个对工程、对社会、对国家有贡献的好工程师，必定要持续不断地进修学习，也只有持续不断地学习，才能掌握最新的技术，才能把自己的知识层面加深加广。只有能把握最新的技术，拥有深和广的知识层面，在工程上才能有所突破，才能有所创意。也只有工程上的突破和创意，才能给人类、社会、国家作出贡献。

我这 20 年来，面试了许多要到我公司求职的工程师，每一次面试的时候，我都会要他们告诉我，自从毕业后，平均每年阅读几本专业杂志和书本，阅读了几本其他科技杂志和书本，我感到非常失望，许许多多的工程师，离开大学后，就好像和书本绝了缘。我想告诉大家的是，我的一些稍许成就，我能被一国之尊的总理赏识，我能在这十多年来，发明了或创新了好几个工程技术和工程项目，这都是得益于我持续不断地探讨新知识，探讨新技术，不断地加深和加广我的知识层面。下面，我谈到第三点创意的时候，我会进一步地引用一些例子来证明这一点。

除了在知识方面持续不断的增长，也需要兼修个人的品德。有了丰富的知识和经验，没有高尚的品德，假如把丰富的知识用在坏的方面，那不但不能造福人群，反而会危害人群、危害社会、危害国家。就像激光这门科技，用在好的方面，在医疗方面，可以用来做脑科手术，可以用来治好近视，切除眼角膜。在电脑、通信、娱乐等方面也有非常广泛的用途。在工程方面，可以用来做精确的测量工作。用在坏的方面可以成为致命武器，摧毁人类，摧毁世界。可能各位认为我们是搞工程的，刚才我提的例子，可能跟我们没有什么关系。假如一个工程在设计施工时投机取巧、偷工减料，一个大水坝的崩溃，不知道要造成多少人的伤亡，多少财物产业的损失。假如一座高楼大厦坍塌了，我相信这个例子，大家都知道，比比皆是。前两年的吉隆坡高峰塔，去年韩国的幸运购物商场，韩国横跨汉江大桥，新加坡世界酒店的坍塌，造成多少人的伤亡，多少人的财物损失。所以，有高尚的专业道德，有好的操行、品行，对一个工程师，是非常重要的。当然，品德修养是应该多方面的。中华文化的四维八德，也就是礼、义、廉、耻、忠、孝、仁、爱、信、义、和、平是品德修养最高的准则。假如一个工程师，能根据这四维八德作为准则，肯定能成为一位品德高尚的工程师，在他的事业上，也必然能有所作为。今天，我只想从这四维八德的十二个字中，挑出一个"信"字，来和大家谈。我要提的一些例子，是跟创业有关的。

俗语说得好："人无信而不立"。我认为一个人要创业，很重要的一环是怎样让他人能信任你。能相信你，把货物放给你，你能还钱；能相信你，把款贷给你，你能依期付还；能相信你，把一件工程交给你，你能如期的顺利完成，顺利交差。

已故的李光前博士，有一次被朋友问起，成功的秘诀是什么，他说："凡在工商业上最成功者，就是最会利用银行信用的人。"我相信，李光前博士必定是个重信用的人，我相信，他能成就霸业，也必定和他重信用息息相关。

一位从香港移民到马来西亚的著名商家曹文锦先生，曾经说过：信用是领袖需要具备的典型品格。一个将军要在战役中获胜就必须获得部下的信任。企业要成功，也必须获得雇员或合伙人的信任。我深信，曹文锦先生也是一个重视信用的人，他才能获得各方面的信任。所以他做生意，尤其是船务，都做得有声有色，业务遍布亚洲各国，深受我国总理的重视，多次委以重任，并且在 1973 年获得我国元首赐封丹斯里（Tan Sri），一个非常高的勋衔。

我可以举出好多好多的成功人士重视信用而达致成功的例子。不过，今天由于时间的关系，我只举出上面的两个例子。我想和各位谈谈，我本身对"信"字的看法。我顺便举一些亲身的经历，来和各位分享一下重视信用所能取到的效果。

在 1992 年，我只花了短短的两个星期的时间，就获得一宗 26500 万马币的工程项目，相等于人民币 79500 万元，免担保项目融资，作为私营化柔佛州新山水供工程的融资，这是一笔庞大的免个人和公司担保的融资。我相信在这么短短的时间内获得免担保的项目融资，是在马来西亚开创了先河，也就是在马来西亚是第一宗。我相信，能取得这项融资，除了这私营化计划是一项好的投资项目，更重要的是我个人和我公司在这十多年来的经营，让商场上的朋友，认为我公司和我个人是值得信赖的。

从小，我就体会到"信"字的重要。在我 12 岁的时候，我爸爸病倒，一家的生活陷入困境，作为家庭中的一份子，我为了要协助家庭度过这次难关，也不想中断自己的学业，我决定自己找些小生意来做，希望能赚取一点钱，一方面能帮补家用，一方面能自供自读，继续我的学业。

我老家是在波德申直落甘望。波德申是马来西亚的一个著名海滨浴场，我打算在这海滨浴场摆一个小档，卖些食品和饮料给游客，可是，没有钱买货，怎么办？我终于找到一家和我爸爸有一些交情的小商店，希望这小商店的老板能看在和我老爸以往的交情，先把货给我，我那时只有12岁，当我向这小商店老板提出这个要求时，难怪他会以怀疑的眼光望着我。最后，他让我说服了，不过，他只答应让我尝试一下，只给我一箱24瓶的汽水。我拿了这箱汽水，到海边去"阿哥"、"阿嫂"、"阿叔"、"阿婆"的喊了一轮，在短短的一两个小时里，就把这箱汽水卖完了，我把空瓶子带回小商店，把钱还清给小商店老板。小商店老板很惊奇地望着我，他大概觉得我这小子卖得比他还快，一卖完就把钱交回来，是值得相信的。他马上叫他那个年纪比我大的孩子送了5箱的汽水到海边让我再卖。我当天也把这5箱汽水卖完也照样把钱还清给小商店老板。各位，你们知道我那天赚了多少钱吗？那时候，一瓶汽水，我从小商店拿来的成本是1角2分，卖给游客一瓶是2角5分，总共6箱144瓶，我总共赚到18元7角2分。这是在1958年的事，那时的18元7角2分，是足够一个贫穷家庭一个星期的伙食费。

我从卖汽水，增加到卖椰浆饭（Nasi Cemak），卖草帽，卖冰淇淋到卖各种各样的马来糕点。这些食品和货物都是由其他人先给货卖完后才还钱。我记得，一个热闹的公共假期或星期天，在最高的时候，我能一天净赚100～200元马币。朋友们，这几乎可以说是没本生意。我的本就是一个"信"字！——第一次取得那小商店老板的信任，从而取得其他人的信任。一个"信"字，能让我不需要本钱的去做这小生意，这不但能协助我的家庭度过难关，也让我顺利地完成我的学业，成为一位工程师。

各位，你们可能觉得我刚才所举的例子太琐碎了，似乎和工程事业扯不上关系，不过，对我个人来说，这段经历对我在后期开创事业，带来无限的启示，让我明了到"信用"是事业成功的非常重要因素。假如不是这个"信"字，我相信今天我也没办法拥有保强这个跨国的工程公司。我也不能在工程事业有所成就。

我在 1980 年，只以 2 万元马币，也就是 6 万元人民币的资金开创保强，保强取到的第一项工程合约，是接近 300 万元马币，也就是 900 万元人民币。这项工程，要在短短的 4～5 个月里完工，如果不是我早期在商场上建立了商场上朋友对我的信心，是绝对没有办法去承担的，要在 4～5 个月里完成的 900 万元人民币的工程合约。我能承担这项工程是商场上的朋友，能先给我建筑材料，工程完成后，从业主那儿收到钱，才付还给他们。

各位，记不记得，刚才我所谈到的，从我国总理获得 300 万元马币奖金的一项 3000 多万元马币的大工程，当时，我公司的总资金大概是马币 20 万元左右，以这么少的资金，敢承担这么大工程，主要的也就是像刚才我所说的，商场上的朋友相信我，能给我在材料、机械和施工方面，在经济上大力支持。业主，也就是甲方，能让我承担这项工程，主要是因为，我从 1976 年到 1981 年，在基础工程方面建立了一定的信用，尤其是 1981 年初，我完成了一项许多工程界的朋友都认为我没法完成的工程，所以，主理这项大工程的建筑师，在提呈推荐书给甲方的时候说："假如这项技术难度高的大工程，要在这么短的时间里如期完成，甚至还提前完成，我断言，只有保强能做到。"保强真的守信用，做到了，而且提前了两个月完成，取得了奖金。这项工程，是我在工程事业上的突破点，这项工程，也奠定了我在工程事业上的发展。各位，这个例子显示出，甲方对我在技术和施工能力上的信任，材料机械供应商，对我在钱财上的信任。我希望这个例子，和我刚才所说的一些例子，能让各位认同"信"字的重要。

各位，我个人是应用了儒家学说里的一句话："修身、齐家、治国、平天下"我把这句话改成"修身、齐家、治公司、国际化"。作为我个人立身处世的准则，刚才我谈了很多，都是有关修身的。现在，我想简单地说一下，我奉为立身处世的这个准则：齐家。一个人应该要有一个温馨、温暖和气的家庭，这才能让你专心事业，发挥所长。相反的，即使学有所长，由于家事的干扰，夫妻一天到晚吵吵闹闹，这会形成情绪的不安、不能专注。这肯定会严重地影响事业上的成效，更枉谈事业上能达到什么重大成就了。所以，我认为，只有能把修身做好，齐了家，才能在事业上把事业搞好。假如是治理一间公司，把公司搞好。治理一个国家，把一个国家搞好。能搞好事业，能搞好公司，能搞好国家，就能面向世界，把自己的事业，把自己的公司，发展到世界的各个角落。搞工程的能让自己的工程成就贡献给全世界，这就是我所说的"修身、齐家、治国、平天下"的做人准则。有一次，我对我公司的高级职员演讲的时候告诉他们我这个准则。有一位同事问我，他说："洪主席，你说齐家，不过有好多成功的人士，在科技上，事业上或生意上是很成功的，他们有好多都离了婚了，那你怎能说齐家的重要？"我告诉他们，就是他们离了婚，变成了孤家寡人，不需要去齐家了，所以说少了一件事操心，有更多时间和空间来发展事业。变成孤家寡人，没有家，那当然修身、治国、平天下，也是可行的。不过，各位，人生在世，除了事业，也应该有温情，这个世界，才是一个温暖的世界，也才是一个美好的世界。

各位，刚才我所谈的立志和修身的例子，是属于比较哲理性的，可能你们更想听听比较科技性的。现在，让我来和大家谈谈创意，这个比较科技性的课题！

我可以说，我在工程和企业事业上的一些成就，是我注重创意所带来的成果。我在岩土工程和桩基工程的一些创新，像三角桩，IFP快速深基础贯入仪等，让我在工程界奠定了我的地位，让我取得了多项重大的工程，这包括我上面所说的180亿人民币的海上城市——新山湾。新山湾是多年来累积的工程上的经验，政商学对我和对我公司的信任，再加上富有创意的构思和设计的结晶。

我想要说明什么是创意和创新，和对一个成为有贡献的好工程师的重要性，最好是举一些曾经历过的例子。[①] 我也想通过这些例子顺便解说我上面所提的第四点，也就是加深和增广知识层面的重要性：

例 1. 三角桩。

例 2. IFP 快速深基础贯入仪。

例 3. 香港汇丰银行护壁墙特殊施工处理。

例 4. 孟沙高级共管公寓桩基的特殊设计和施工处理。

例 5. Istanna 御苑大饭店特殊桩基设计。

例 6. LoT 10 乐天商业大厦桩基设计。

各位，今天我非常高兴，能在这里和各位交换一些心得。我诚恳地希望，各位能对我刚才所谈的，多多提意见，多多指正。

谢谢各位！

---

① 这些例子散见于后面的讲演中。

2
如何成为一位优秀的基础工程技术人员

1999 年 4 月 26 日在中国南京理工大学专题讲演

我在基础工程界工作了整整二十五六年，自己亲身参与设计和施工工作的案例统计起来大概有好几百项，这些案例有的是非常简易，有的是地质条件复杂无比。我也训练过无数的基础工程专业人员。在这二十五六年中，我发现许多事故迭出或基础出现问题的工程，一般主因是从事基础工程专业人员没有掌握到正确的作业态度。

这堂讲演着重在如何成为一位优秀的基础工程技术人员，以及从宏观的角度去看待和处理基础工程的勘察、设计、施工。

1　工程场地调查和地质勘察

1.1　概述

在进行桩基础工程设计，确定施工方案之前，应当对拟建建筑物所在场地进行详细调查和勘察，以便了解场地本身及周围的一切可能影响桩基础设计和施工方案的状况和环境，同时取得场地本身与周边的地形、地质基岩等进行设计和施工用的一切资料。

一般的桩基础设计的参考书很少对场地本身及周围状况和环境与桩基设计的关系给予重视，所以鲜少探讨。其实了解场地状况和环境和了解地质、基岩之情形是一样重要的。尤其参考书鲜少提及场地状况等这方面所需掌握的资料和重要性，往往造成许多新入行的桩基工程人员在这方面有所忽略，在桩基础和施工方案的选择和设计，产生了不必要的差错，结果导致基建成本高，工程事故迭出。

哪一类的地质勘察及所需的有关资料，是和场地周围的状况和环境，地形和地下层的复杂程度，拟建建筑物的类别有关，在明了这几方面的详情后，才能对一项建筑工程应当完成哪些地质勘察任务和内容，勘察技术要求等作出一个合理的建议。训练不足的地质勘察设计员就难于制定出一个既经济又安全的基建设计和施工方案，也难于对施工时应予注意的问题，或需采取的防范措施预先提出良好的建议；过量的勘察是一种不必要的浪费。

1.2 工程场地及其周围的环境与状况（以下简称为场地境况）

以下是一些比较重要的场地境况，需详细地查证、收集这些境况和与这些境况有关的资料，让设计员能在策划和进行地质勘察，基础工程设计，制定施工方案时，考虑和评估这些境况的影响。

境况

• 场地周围邻近的建筑物，其结构，建材，年龄，基础，稳固性，抗震性。

• 场地邻近是否有：隧道，地下室，地下输水管道或排污管道或高压电缆，道路，水道，湖泊或河流。

• 在拟建建筑物施工中，在邻近是否会有深开挖或降水工程同时进行施工？

• 场地邻近的建筑物用户对噪声和振动的忍受力。

• 场地所在地政府环保的条规。

1.3 地质勘察

对拟建建筑物场地应当进行哪一类的地质勘察方法，勘察技术的要求；勘察所需提供的资料，计算参数，勘察的周密细致度等，在许多中外有关基础工程的书籍都有相当详尽的叙述。然而，在这些书本鲜少教导如何从各方面纵横交叉，逐步考虑，制定出一个实用、省时、省钱的地质勘察方案。这可能是因为这些作者很少能对地质学、岩土学、基础设计拥有丰富的知识和经验，同时又对施工，各类桩基础的功能和应用，各类型桩基础机械设备的性能，有深厚的认识，又同时在基础工程这一行业从事多年有深、广的实际经验。再说，在高等学府学习时，一般情况都不会教得太深入，就算是读研究生，也只是对一小方面比较专和深入。这导致初入基础工程这行业的新手，在初入行的前几年，在策划或制订地质勘察工程方案时，往往力不从心，制定出来的方案，不是勘察范围太广，细密度太深，就是有所不足，不能符合设计和施工所需的资料与要求。

以下简述要策划和制定出一个适度的地质勘察工程方案的一些步骤。

（1）前期准备工作

① 了解：

• 拟建建筑物对其基础及地下建筑结构设计的要求。

• 拟建建筑物业主对基础和地下建筑结构工程施工进度的期望。

• 基础和地下建筑结构工程与土地价格和地面上建筑物等工程需花经费的比重。

② 收集拟建建筑物场地一切有关地理、地质、岩土的资料，这包括：

• 场地与其邻近土地的地形和地貌图。

• 地层的结构、年龄和岩土的分布图，在国外简称为地质图，可从国家地质局取得。

• 建筑物场地，地下土层的近期变化和以往曾发展过的历史。

• 在场地所在区域或在别的区域有地质性质类同的，以前别家勘察所取得的资料。

• 场地邻近建筑物地下建筑结构和基础，设计与施工方案，和这些方案成效的评估，施工中或建筑物整体工程完工后曾经发生过的问题。

• 检查邻近建筑物或公共设施的现今状况，其稳固性或有任何破裂，对降水，地面沉降，振动具敏感性。

• 场地边上地下隧道，管道，地下室的位置和其稳固与敏感性。

③ 了解：

• 现今市场基础工程公司，拥有的设备、技术与施工力量。

• 现今比较经济而又实用的基桩类型和施工方案。

④ 了解本区域较普遍使用的设计方法。

（2）资讯分析与推测基础设计和施工的初步方案。

从（1）所述，取得了有关的资讯或数据后，加以分析。再根据分析出来的结果，推测出一个或多个比较可能被拟建建筑物业主，基础工程设计员和施工队伍所采用的基础工程方案。

（3）拟定勘察工程方案

地质勘察工作的细密度，勘察方法，勘察技术的要求，所应当提供的资料与计算参数，勘察应当于单阶段或多阶段进行，这都与可能被采用的基础工程方案有莫大的关系。同时场地的地形、地貌、地层的结构，岩土的工程与物理性质等的变化大小和复杂也会对勘察方案的策划有影响。

进行了（1）和（3）的工作后，只要根据（1）所取得的资讯和数据相当完整，从（3）那儿推测出来的基础工程方案可取性高，就能拟出一个适当的基础工程地质勘察方案。

2 基础工程设计

2.1 概述

基础的设计是一种艺术。这是在土木工程行业中，一项最具挑战性的工作。

由于岩土是天生的，经历多年长久的天然变化，加上可能有后期的人工改造，其物理、化学、工程性质变化多端，同时基础的种类和处理方法繁多，还有如 1.2，1.3，所述的多方面客观因素，因此要设计出一个务实，安全系数高，造价低的良好基础工程方案，不单要用科学方法，也要凭丰富的推想力和尖锐的判断力。

这就是为何在同一座拟建建筑物场地上，两组不同人设计出来的，一个拥有相等安全系数基础工程方案，工程造价和工期有很大的差距。

各类基础的应用，功效，设计与计算法，施工法和所需的机械设备，设备的性能，在许多岩土工程和基础工程参考书里，基础工程公司和设备制造厂商的刊物里，均有普遍的叙述，所以不再赘述。

这里要提的是作为一位从事基础工程的技术人员，如何能成为一位优良的从业员，需具备些什么条件，该用哪种态度和手法来处理策划，制定设计与施工方案。

2.2　优秀设计员

要成为一位优秀的基础工程设计员，除了在基础工程领域里要有一定的学识外，也要有高尚的品格和专业精神，持有积极的学习和正确的处事态度，并且要经得起不断的刻苦磨炼。

（1）学识与经验

由于设计与计算法、施工法，因经验的累聚，基础工程技术的改进和创新，施工设备的操作性能和精确性不断提高，地质勘察和基础测试的方法和技术越来越先进，从事基础工程行业者，在工作中要不断地自我进修和充实。

以下是一些建议，给基础工程设计员和其他技术人员，用于增长学识和经验。

要多看、多闻、多问。

① 多看：

要勤于阅读有关岩土和基础工程的资料，尤其是在国际岩土或基础工程会议发表的论文或报告，或在这方面的定期专业刊物。

多到地质勘察，基础施工初测试的现场视察，这将会在策划方案时更能掌握和提升设计计算时的信心。

尽量争取机会，到基础或地下结构出问题的现场去考察和了解问题的症结所在，这往往能取得一些珍贵的资料，前人之过是后人之师！

参阅国内外的一些成功或失败的案例，争取机会到国外或其他区域参观施工现场——他山之石可以攻玉。

② 多闻：

在自己的能力范围内，多参加国内外在这方面的专业研讨会，这能听听专家们的意见，吸取他们的经验。同时也能借此机会与其他同行进行交流，听取他们的心得。

多听听和参考别人提供的意见。听闻要广泛，不仅要听基础专家们的意见，而且一切跟基础工程直接或间接有关的人的意见都要听。如工程造价估价人员，基础建材供应厂商，基础施工设备制造商，桩机操作员等。有时候，有丰富经验的桩机操作员，由于有经年累月的现场经验，对于某个区域的地质、环境，可能发生的施工问题，比一般专家还要清楚。

要在设计和施工方案上有所突破或创新，除要在本行进行科研外，也要和不同行业者不时进行交流。这些不同行业者的经验技术，甚至于一些意见和看法，有许多时候，可以借助用于基础工程上的改进，或突破或创新。

③ 多问：

有些基础工程设计人员，耻于下问，或疏于询问，碰到新问题或缺少计算数据时，就凭空猜测，这样设计出来的方案，肯定会工程造价高，或工程事故迭出，不然的话就是安全系数没达到合适的水平，造成基础在以后出问题。

基础工程设计与施工所需的资料与知识牵涉层面非常广泛，再加上，如基础建材的价格和供应经常改变，环保条规逐年履新和要求不断提高，基础工程技术的演进等等，一个人能在同时掌握全盘的资料和拥有全面的知识，是不太可能的，要制定出一个良好的基础施工和设计方案，就必须勇于不耻下问，勇于寻求各方面的意见。

（2）整体考虑

勘察、设计、施工、测试这四项工作是有连贯性的。在策划和制定其中一项方案时，必须和其他三项共同考虑，这是因为其中一项的考量和决定有许多方面会对其他三项产生影响。因此一位基础工程设计人员，除了在设计方面勤于进修和累积经验外也要对地质勘察、工程造价、施工方法测试等技术有深厚的认识，更好的是在这几方面，有相当水平的技术力量和丰富的经验。所以建议那些初入基础工程行业的，最好是能在勘察、设计、施工和测试工作一段时日，当定位成为一位设计人员时，也应该和其他三方面，不间断保持接触。

（3）专业精神

从事基础工程这行业的技术人员，必须具备高度的专业精神，也必须具备对这行业有献身的精神。

基础工程是属于隐蔽工程，难于监测与维修，如果出现问题，后果是极为严重的。因此作为一个设计人员，在设计一项基础工程方案时，必须精心与专业。当在施工中，发现设计有所差错时，应勇于承认，及时修正。

由于岩土是自然成长的，其物理、化学、工程性质，并不像人造物体那么样的均衡和易于掌握，许多基础设计和计算法都是根据以往的经验推演出来的，因此经验的分享是十分重要的。从事这行业的必须不能有私心，要把自己取得的经验和心得，毫无保留的贡献出来。

（4）熟能生巧

一个刚进入基础工程行业的新设计员，在初期，一般都会感觉到茫无头绪，就算设计出来的方案，自己也没有多大信心；在初期，最好是能把完成的方案，交由一位比较有经验的设计人员审查。要能全面独立掌握一个设计方案，而又对自己的方案有信心，是要经过无数次实际设计的锻炼。

如果要经常在设计方案上创新或能设计出一个又安全，施工简易，工程造价又低的方案，设计员就必须拥有丰富的设计经验和有机会经常接触不同的案例。同时设计员也必须对各种设计方法，基础种数，基础建材，施工设备和方法，非常的熟悉，了如指掌。

例1：新加坡世贸中心的基础工程，改进的设计和施工方案，给业主省下了三千万新元（原造价是一亿新元）。

例2：马来西亚吉隆坡市的"刘喋商业中心"也给业主省下大约三千万马币。

2.3　影响设计的其他因素

这里再谈谈几项对设计影响比较大的因素：

（1）国家的政策

每一个国家对引进技术，进口先进设备，知识产权，环保建筑业发展方针等，都有不同的政策。在设计与施工方案，建材与机械设备，选择和技术上的应用都要符合国家的政策。不然的话，所定的方案可能会受国家某种政策的约束，使得工程造价增高，或工期延长。因此设计人员要清楚了解一切可能影响基础工程方案的国策，同时也要经常注意这些政策的更改。

（2）从业者的心态

除了国策外，另一项对设计影响较深的是基础工程行业里专业人士抱残守旧的心态，更要不得的是拥有保护主义的思想。

（3）熟练的技工

在制定一个方案时，必须考虑设计岀来的方案，这个区域是否有适当和熟练的技术队伍来进行施工。

（4）建材

在设计时，另一个需要慎重考虑的是所选择的基础建材，是否能及时和适量的供应。

2.4　设计步骤

以下列出进行设计方案时的一些步骤，以供参考。

① 业主和上部结构的需求。

② 到拟建建筑物所在地现场视察。

③ 收集现有的一切有关该建筑物所在地的地质资料。

④ 了解一切会影响设计的场地境况。

⑤ 综合分析①～④。

⑥ 初步制定设计和施工方案。

⑦ 根据⑥和其他因素的要求，制定出一个地质勘察方案。

⑧ 根据地质勘察的资料，重新厘定设计施工方案和进行精密的计算。（在计算时，假如发觉地质勘察的资料和所提供的计算参数有所不足，那就要补充地质勘察工作）

⑨ 着手制定施工图设计和施工方案。

3　施工、品质管理、测试

3.1　概述

从施工中，会进一步取得该场地的岩土性质资料和了解基础施工对周围环境的影响，设计和施工方案等可能进行修改，以迎合最新的要求。这尤其是在地质和周围环境复杂的场地上。

工程施工是渐进式的，施工队伍须要把现场所发现会影响设计的新资料随时提供给设计人员，以便让设计人员决定设计和施工方案是否需要修改。在地层和基岩复杂或岩土性质高度起伏不均的场地上，基础的处理或桩基的深度，难于在设计时定案，是要现场计算和确定。

因此施工队伍，不只要有好的工程项目管理人才，熟练的操作技工，也要有资深的岩土工程和基础工程的技术人员。

基础施工的监控，品质管理，地基或桩基的测试，是基础工程施工中重要的一环。一个好的设计方案，假如在施工时，缺少这方面的控管测试，一定会造成工程事故迭出或在以后基础出现问题。

3.2　施工管理人才

基础工程施工管理人才和一般工程的管理人才，比较上是要有更高专业知识和专业精神的要求。因为如上所述，设计方案可能要在施工中进行修改，而且有些地基与桩基的设计也要在现场决定，所以基础工程施工的管理人才，除了要懂一般性的工程项目管理之外，还必须对岩土知识和基础设计有一定的了解和经验。

前述基础工程是隐蔽工程，如果出问题，后果极端严重，因此存有投机取巧，偷工减料和侥幸的心态是绝对要不得的。

在施工中，假如碰上未预想到的地质和场地境况的变化，必须要勇于面对问题，寻求解决方案；假如碰上棘手的、难度高的，又是自己没有足够技术力量来解决的问题，千万别把这问题像基桩那样埋在地底下，而应该寻求专家协助。

许多基础工程施工的管理和技术人才，由于长期从事施工工作，设计和岩土知识已逐渐忘掉；假如在这方面，没有勤于不断地充实自己，不仅不能把上面两段所述的工作做好，而且因为碰到问题时，步步需要设计人员或其他专家来代劳，这也会导致工期延误。

3.3 监控、品质管理与测试

因为基桩工程是隐蔽工程，在施工中，施工方法与基础建材要有一套对品质监控，管理和测试的方法，这方法要系统化和科学化。

施工时应该把承建基础的整个过程，逐宗地，详细地记录下来，尤其是一些特殊或不可预见的情况，更要详加记录和注明。再将一切测试的结果和这些记录一齐存档。

在施工中，从这些存档的资料，只要细心分析，拥有丰富经验的基础工程技术人员，一般都能觉察出哪些部分完工的基础是否存有问题，假如某部分的基础发现有问题，就能及时补救同时也可修改施工方案或加强监控，以免重蹈覆辙，这可避免在整座建筑物完工后，才发现问题，重则导致整座建筑物必须拆除轻则需要巨大的花费来补修。

例1：马来西亚槟城市的"Northam Court"（一栋高层的豪华公寓）在1980年代初，当上部结构完工后，基础出现了问题，变为危楼，最终被市政府下令拆除。

例2：在今年"Northam Court"的斜对面也有一栋高层建筑物基础出现了问题，由于此建筑物的问题没有像"Northam Court"那么严重，所以还可以补救；结果要牺牲一层地下室作补修用途和花掉一笔为数不少的补修费。

有关地基和桩基基础性质与承载力的测试，各类的测试法，需要些什么设备，如何进行，如何分析测试的结果，许多书籍都有详细的介绍。因此不再赘述。这里要补充的两点是：

（1）别把桩基的测试，尤其是试桩纯粹当作是品质的监控，其实试桩的最主要目的应该是把试桩作为确定桩基的设计法和计算参数，是否合适。

（2）监控、品质管理、测试固然是重要，更重要的是施工方案要正确，施工方法要好，施工队伍要尽心尽力，把工作一次性的做好。西谚：预防胜于治疗，便是如此。

4　结语

以上所提的希望能成为初入基础工程行业的指引，更希望通过这次的探讨能为中国在将来塑造出更多优秀的基础工程专才。

3
怎么办?

2001 年 4 月 12 日在中国南京理工大学专题讲演

1 前言

踏出校门进入社会之初，对未来的憧憬，一般都会感到兴奋，充满希望，十多年寒窗熬出了头，成了一名专业的工程师。

想当然，必能加入兴邦建国、塑造社会的行列，干一番轰轰烈烈的事业，取得世人的敬仰。

然而，工作了一段时间，发现了事实不如想象，并且，常常会碰到一些不知怎么办的难题。

这时候，假如没有一位优秀的而且较有经验和见识的工程师从旁指导，或有一套应对策略，原有的满腔热血将会很快冷却下来。

假如没有办法突破初期入行时很可能碰上的困境，这将使你对工程行业失去兴趣，进而转行；或郁郁不得志，只能当一个毫无建树，平平庸庸的工程师，屈居人后。

去年和前年来讲课时，和同学们探讨了，如何能成为一位优秀的和杰出的工程师。同学们可以参考前两年的讲义。

这次，将提供一些同学们初入行时，很可能会碰上的问题，或可能会遭遇到的困境。再和同学们讨论如何能避开或减少这些问题的发生。如无法避开，又如何处理？同时，也会和同学们探讨处理困境的一些方法。

2　一般性的问题和困境

2.1　工作性质和志趣不相投

刚刚踏出校门,想找一份和自己的志趣一致的工作是不容易的。除非在当时自己所感兴趣的行业,刚巧人力资源短缺。找到的第一份工作,其性质和自己的志趣往往不尽相符。

你怎么办?

· 将就把工作接下,勉为其难地做着,等待机会,转换工作?

这办法并非不好,但是:

① 对第一份工作的东家有欠公平。

② 等待就是蹉跎自己的宝贵岁月。

· 放弃原定的理想,随波逐流,得过且过?

这是消极的想法,难成大业。

· 改变志趣,迎合工作?

假如能对这类工作,提得起高度热忱,而这类工作又能协助你达致最终志向,这不失为一个折衷的办法。然而,这会将以往的一些努力和付出,大部分勾销。

建议

虽然这份工作不能符合原有的志趣,和所欲创业的最终目标,但在工作的过程中,却能学到许多处事和做人的方法,这将有益于往后工程创业上的发展。

因此我的建议是:将自己岗位上的工作,安心和尽本分地做好,同时,设法尽力地争取与原有志趣相称的工作项目。

现在用个例子来进一步说明以上的建议。

在大学时,我立志要成为一位岩土工程和深桩基工程的专家。离开大学校门，我被派到我国的一个州工程局工作。

在工作报到的当天，州工程局局长要我协助州建筑师，设计平房和低楼层的上部结构。我感到懊丧和失望。因为，州工程局局长所指派的工作，不是我的兴趣所在，也不符合我的志愿。当时，我非常想放弃这份工作。然而，这是行不通的。因为，我必须替政府服务两年，才能成为正式的工程师。我也曾经想过，像和我遇到相同情形的其他同学一样，认命！随波逐流。

但我不能放弃，也不甘认命。

我选择了去和局长商量。我告诉局长我的志愿。我说：我保证我会将他指派给我的分内工作做好。别人工作一天八小时，一星期工作五天半。我愿意每天工作十二个小时，一星期做七天。我只希望局长能让我参与州内所有岩土工程和基桩工程项目的工作。局长是一位很慈祥的长者，听了我诚恳的诉求，默默然地望着我，我当时心里非常担心会被他责怪。出乎我的意料，望了我一段时候，他终于点点头说：小心你的身体，只要不妨碍你的健康，我一定会让你如愿以偿。在州工程局工作两年五个月，我几乎参与了州内所有岩土工程和桩基项目的工作。这让我在岩土工程和桩基工程的未来事业上，打了一个很好的基础。

你可能会问：假如你没这么幸运能碰到像州工程局长那样慈祥的领导，你怎么办？

2.2 学非所用，书到用时方恨少

土木工程系是工程系最老的一个科系。甚至可以这么说：工程系原始于土木工程。

土木工程的英语是：CIVIL ENGINEERING。CIVIL 是民事之意。

在公元 1800 年左右，英国学术界把工程分为民事工程（CIVIL ENGINERING）和军事工程（MILITARY ENGINEERING）两大科系。

凡是与军事无关的工程，全都归纳入民事工程。因此，初期的民事工程也就是现在俗称的土木工程，其学科可说是包罗万象。机械工程、电子工程等都是在后期从土木工程系分拆出来的。

虽然，近期有更多的科目从土木工程系分拆出来，成为专门的课系，但世界各大专土木工程系所修的科目还是相当多。这包括地质、岩土、水力、排污、环保、结构、道路、交通等。

基于上述的原因，刚踏出校门，进入社会工作时，往往会碰到以下的两个困扰：

① 学非所用

② 书到用时方恨少

乍听之下，会觉得上述两句话有所冲突，其实并不尽然。

（1）学非所用

如上所述，在大学土木工程系所学繁杂，而在土木工程领域工作时，职责又分得相当细和专。

因此，在大学里学到的，对初入行者来说，在工作中，可能只有一小部分能用到。你可能会觉得，在大学读了那么多，是白读了。别气馁！你在大学所下的工夫，绝对没有白费。虽然，在大学里所学的大部分知识，初期没法直接应用在你的工作上，但是，这些知识，对你在后期的工作和创业上，是会有很大帮助的。

• 它能协助你和土木工程其他领域的人有效地沟通。

一般来说，一个土木工程或建筑工程的项目，其所涉及的工程知识和技术层面是相当广泛的，你所负责的工作或是你的专业，往往只是这个项目的一个部分。

假如缺乏对项目中其他领域的认识，就不容易和人沟通，这会导致你在作业上的策划、设计、施工等方案，难和其他领域配合。

你所提的方案，肯定不可能会是一个好和完整的方案。

• 要领导一个大机构，尤其是像土木工程和建筑工程这类的机构，领导者的知识和技术层面不但要深，更重要的是广。

在大学里假如能好好学习和掌握土木系所修的各门科技，在广的层面就会有一定的基础。这能为你往后晋升领导层铺路。

（2）书到用时方恨少

不是说，在大学里土木工程系所修的课程很广吗？怎么又说，书到用时方恨少呢？就是因为，我们念得太广了，所以苛刻一点来说，所念的都是粗浅的、皮毛的。

因此，许多刚踏出校门的同学，开始工作时，往往会感到力不从心。

要从事一项策划，设计或施工之方案时，觉得无从着手。

对自己所设计出来的方案，没有信心，甚至毫无把握。

别懊丧！这是正常的。

唯一解决这困境的方法是：

- 不耻下问，虚心求教
- 不间断的自我进修

基于上述原因，我一向对刚踏出校门的土木系同学说："大学毕业，是你正式学习工程的开始。"

假如你想在土木工程或建筑工程界，成为一位著名的或优秀的工程师，或想在工程事业上有所建树，持有终身学习的精神，是非常重要的。

一些在社会工作了一段时日的土木工程师，到我公司来应征时，我一定会问：

"你订阅哪些工程杂志或期刊？

你每年阅读过多少跟你工作领域有关的工程论文？

毕业至今，给自己增添了多少本相关的工程书籍？

你参加过多少次大型或国际性的工程研讨会？

当你碰到工程难题时，你是否有一群能随时向他们求教的人？"

假如对以上问题的答案，是负面或否定的，我绝对不会聘用他！

这表示，我对毕业后持续学习态度的重视。

2.3　如何处理与上级领导的关系

有关如何管理员工或下属，及如何成为一个优秀管理人才的书籍，可以说是充斥市场。但是，如何处理与上级领导关系的书籍，尤其是在工商界方面，却少之又少。

希望以下的一些看法，处理法及实例，能协助增进你和上级领导的关系。让你在未来的工作或事业上，更能得心应手，减免一些困扰和烦恼。

要碰上一位热心助人，善于指导，有才干，而又富有工程经验和知识的好领导，是不容易的。

因此，掌握一些如何处理上级领导的要则，是非常重要的。

（1）低能的领导

如果你碰上一位，没才干，而又不学无术的领导，你怎么办？

碰到这一类的领导，只要他不是那种，不懂装懂，而又忌才的人，那是比较容易处理的。并且，你可能还会加速你自己的成长。

虽然，在管理、领导、经验和知识方面，你不能向他学习些什么东西，更难期望他能给你正确的指导。

但是，只要你处理得当，你将拥有更大、更自由的发展空间，更能尽早取得独立思考能力和处理事件的训练。

以下，我再用自己的一个经历，来说明我如何解决，碰上一名低能领导的困境。

在州工程局工作了 2 年 5 个月，为了增进我在基础工程这方面的知识与经验，我转投入一间私人拥有的打桩公司。

这是一家外资公司，而公司的总部设在新加坡。

我是受聘于这家公司在马来西亚吉隆坡所设立的分公司。

这家分公司的领导，是一位工作了整十年的土木工程师。这是我这一生中所见到的最低能的上级领导（后简称甲上司）。

他的工程知识水平低，低得让人怀疑他大学如何能毕业；他没主张、没胆识、缺乏处事能力。

事无大小，几乎都要向总部报告、请示。

这分公司就像是东家和总部的邮电局，只负责转播邮件和讯息。

初入分公司时，看看别人：如何设计、如何报价、如何策划工程施工方案、如何作决定、如何处理事情等等；自己不需要动脑筋，不需要自己动手，从中又能学到一些东西；同时，不需要费尽心思，也不需要负责任。

这倒是满惬意的！

然而，过了一段时日，我对这新的工作环境，渐渐地感到不自在。

不自在，是因为我身心开始懒散了，甚至有腐败的迹象。

假如碰到这个情形，你怎么办？

你会不会像在我之前的一位工程师，一走了之？或像尚留在分公司的一些工程师，过着既惬意又懒散的日子？

我不逃避，也不愿身心腐败下去，我主动地采取了积极的方法。

举个例子来说明我的方法。

例如：投标一项桩基工程

在吉隆坡假如有一位东家，要公司参与一项桩基工程设计项目投标，投标的建议书要包括桩基和施工方案、工程报价及完工工期等等。

根据这位甲上司的以往惯例，当他取得投标邀请文件后，会把文件复印一份作为分公司的存档，再把原文件用快邮寄往新加坡总部，由总部处理。

处理后，总部将投标建议书和标工文件，同样的用快邮的方式寄回给分公司，再由分公司提呈给东家。

在分公司工作了两个多月，多次看到分公司处理投标建议书的这种作法，我深深的不以为然。

在马来西亚一个州工程局工作时，我对桩基工程的设计、施工、报价等事项，都掌握了一定的认识，也累积了一定的经验。

再加上，未在分公司正式上班前，我被派往总部，作为期三个月的专业训练和实地学习。

所以，对桩基设计、施工方案和完工工期的制定，我有相当高的信心和把握，能自行处理。

因此，我向甲上司建议：让我们自己先把投标建议书做好，再交由总部核准。

甲上司不但不听取我的建议，还狠狠地训了我一顿。

我耐着性子，再次向他呈情，但得回来的还是一个"不"字。

我不灰心，我再三地向他呈情，一个月里，和他谈了不下十次，我就是没法劝他同意。

我不死心，我换了一个方法。

我告诉他：您是否担心，我们没有足够的技术力量和经验。怕在设计、制定施工方案和工程报价上出了差错，负不起这个责任。

假如是这个原因的话，我建议：我们根据以往的惯例，照样把招标文件寄往总部处理。不过同时也让我做建议书，当作是我的作业练习。

他终于勉强同意了。

他同意后的大约两个月，我遇上了一个大好机会。

有一位东家邀请我公司提呈一项桩基工程设计和施工方案的建议。

这项桩基工程，其地质和场地环境不复杂，桩基要承载的楼层不高、楼面面积也不大；因此，桩基的设计、施工方案的制定和工程报价的测算，相对来说是简单和容易的。

同时，东家也给了我们五个星期的时间来完成我们的建议书。

总部负责处理这项工程建议书的高级工程师，碰巧会在两星期内到分公司主持一个会议。

根据以往的惯例，像这项比较小而又比较简单的工程，总部不会在第一时间里处理，一般都会留到最后两星期才处理。

得到了以上的讯息，我太兴奋了！

我知道，只要我好好地把握，可能我就有很大的机会，把原本是习作的建议书变为正式提呈给东家的建议书。

我用了一个周末和三个周日的夜间，完成了建议书里所需的一切。

当总部的高级工程师来分公司主持会议时，我把做好了的建议书提呈给他指正。我也将为何我会做这份建议书的缘由，告诉了他。

当晚他就检阅了我的建议书。

第二天，他召我到办公室。他说：我的施工方案、桩基设计和报价都做得很好，只是在报价方面需要稍许修正，就可以正式提呈给东家了。

我听了，真是万分高兴。假如不是在办公室，我想我会大声的欢呼雀跃。

根据他的指导，我迅速地把报价纠正。

他看过我纠正了的建议书，再次召我到办公室。

这回，甲上司也在场。

他很有技巧的先盛赞甲上司，有眼光聘请了我。

然后，指示我们：往后分公司的投标文件，除了是特大或难度较高和较繁杂的工程，再也不必送往总部，就由我在分公司先行处理，再由总部核准。至于，特大或难度高和复杂的工程，他也要我先做尝试。遇上难题，可以直接用电话联络他。假如电话上无法解决，他会从总部派工程师来协助我。

一年半后，我升为分公司的总经理。分公司的工程投标及一切事务，再也不必依赖总部处理，分公司正式独立经营。

（2）霸道的上司

这类的上司，一般的通病是：

- 独裁；
- 好大喜功；
- 爱居下属的功劳或贡献；
- 不会在下属面前承认自己的错误；
- 喜欢把自己的错误往下属身上推。

遇到这样的上司，你该怎么办呢?

我比较幸运，我自己没有在这类上司的手下工作过，因为我在上述的分公司，当了四年多总经理后，就自己出来开创公司了。而在分公司当总经理时，只需向分公司的董事部负责，没有直属上司。

不过，在我这二十多年经营事业的过程中，倒是遇过不少这类的上司，这包括在我领导下的一些部门经理也是属于这一类的。

我给这些霸道上司的下属的劝告是：

① 千万别正面指正他；

② 尽量避免与他正面冲突；

③ 别跟他争功；

④ 设法让自己的想法变为他的想法；假如能做到，将自己要说的话或想法由他口中说出来，那就是上上之策。

以上的第一和第二点建议，一般人都会明白。

至于第三点，别跟他争功，你可能难于接受。因为，在你的心目中，一位好的领导，是不居功甚至会把自己的功劳或贡献让下属分享。

我劝你别与他争功，是为了避免你和他的冲突。况且，俗语说得好：清者自清，浊者自浊。你的贡献和功劳，就是你的，明眼人是明白的。

至于第四点建议，说来容易，做起来却有一定的难度。

只要细心的安排和策划，经过多次的尝试，你必能得心应手。

第四点建议的做法，要用文字来详细解说，颇费篇章。

所以我用个例子，来加以说明。

例子

你的霸道上司，在你做着一个桩基方案设计时，给你提了一些指示和建议。

你知道把他的指示和建议沿用在设计方案上，肯定会出问题，并且最终会导致工程事故的发生。

因为他霸道，你不能和他理论，理论下去将导致不愉快的争论和冲突，不但取不到什么实质的效果，反而会自取其辱。

你怎么办？

盲目地沿用他的建议，那你是一个没有良知的工程师，你也不配称自己为一位工程师。并且将来工程发生事故，你还会是主要的承担责任者。

一个可行的方法是：将你方案设计的想法和看法向一位资深的工程师请教，并且要取得他的认同。之后，提呈这认同了的方案给你那位霸道上司。

提呈你的方案时，最重要的一点，是要说这是那位资深工程师的想法。而提呈你的方案的原因，是要向他请教，而不是要他接受这方案。

这样的做法，一般来说都能取得比较良好的效果。

同学们，想想看，原因何在？

遇上一位霸道的上司，是你的不幸。

然而，假如处理得当，反而会变成一个难得的机遇。

霸道上司，因其刚愎自用，加上多样弱点，必难得人心，并且容易犯错，在位肯定不会长久。

只要你有耐心、有机缘，不难取而代之。

处理与上级领导的关系是一门学问，要理性，同时也要有艺术。

同学们，只要策略运用得当，细心处理，秉公，虚心，有耐性，必能与这样的领导建立起一定的关系。

假如，有机缘，可能会出乎你预料之外，让你在工程事业上更快的登高一层。

2.4　小结

一般性的问题或困境是相当广泛的。

上述所讨论的是刚踏出校门的同学，较常碰上和较普遍的问题。

假如同学们遇到一些其他问题或困境，重要的是不要气馁。

如果自己想不出一个妥善的解决方案，应该虚心的，去向较有经验的工程前辈请教。

3　工程上的问题或困境

3.1　吃盐比你吃米多

这句倚老卖老的话，在马来西亚建筑界是经常听到的。

这句话，如果是出自一位知识和经验丰富的工程老前辈之口，你心中虽然会有一丝不快，你还是会坦然地接受。

不过，如果是出自一位工农出身、而没受过大专教育、现在又是财大气粗的东家；或是出自一位智能低落的老技工，你肯定会很不服气。

这句话虽然很老土、很粗俗，并且还带有骄横的韵味，但如果用为强调经验对工程的重要，倒是一句非常恰当的词句。

东家或老技工所提的意见和评论，虽然没有理论上的凭据，但他们多年累积的实际经验，是不能忽视的。

在一项工程事件上，当他们的看法和你的不一致时，你应该虚心向他们求教。

你固然不应该断然地拒绝他们的看法，但也不应该将他们的看法全盘照收。毕竟，他们从经验累积得来的看法，大部分是没有经过科学方法处理的。因此，有时候他们的看法，也未尽然是对的。

以下我举一个例子，来补充以上的说明。

这是刚进入岩土工程和桩基工程界的同学，常碰到的困扰的例子。

例子

一位业主聘用你为他设计一栋十层楼的桩基。

你第一步要做的工作，当然是向他建议进行地质勘察。

他说：在我左边那一栋十二层楼，和右边的那栋七层楼，都没见他们做什么地质勘察，干吗要花这无谓的钱？

你费了不少口舌，说明地质勘察对桩基设计的重要。

如何重要，他不想明白，因为，这是你设计工程师的事。

但是，你再说，有了详尽的地质勘察，才能设计出又安全、又省钱、又经济的桩基。

能省钱，这一点他很快明白了。

所以，他答应让你进行地质勘察。

有了地质勘察的报告，根据地质勘察的资料，你设计了一个自以为很满意的桩基方案。

业主看了你的桩基方案，这回对你非常不客气地说：你怎么搞的？左边十二层楼的桩基是 20 米深，为何我的十层楼的桩基要 25 米深？我花了一大笔地质勘察费用，又拖延了我开工的时日，换来的是更深的桩基。你是不是有问题？你到底是哪一所大学毕业的？

同学们，假如你是那位工程师，你怎么办？

你可能会勃然大怒，放弃这份设计工作。

不过，假如你能心平气和地想想，你就会发觉到，在处理这件设计工作时，你忽略了一些非常重要的查证工作。

所以，错在于你，而不是业主。你应该感谢他的指责，重新把工作做好。

3.2　无理的要求与干涉

这是一个在建筑界常遇到的问题。

不管你是刚踏出校门，或是工作了一段时候的工程师，都必须面对这类问题。

这个问题要分成两个情形来看。

第一情形：要求与干涉是真的没有来由，对方这么做是别有居心。

第二情形：你自个儿心中的假象，误以为他所提的和所做的是有意刁难和挑剔，或是别有居心。

因此，面对这类问题时，你必须认清事实真相，采用的对策方能正确和妥善。

这类问题，不管属于第一情形或第二情形，因人、因事、因地、因时的不同，应对策略也不一样。

我从事建筑和土木工程行业三四十年，在这过程中，我遇过无数次这类问题。

年轻时所遇的问题，第二情形为多；后期所遇到的，则多数是第一情形。

现将我如何处理这类问题的大原则，略述如下：

（1）谨慎地辨别事实的真相，确定问题是属于哪一种情形。

（2）第一情形

先了解对方的用心。

① 息事宁人法

只要对方的要求，不太过分，对我方也不会造成太大的伤害。

建议：满足他的要求。

这样做是不要因小失大，让工程作业能顺畅进行。

② 晓以大义法

自己或是找一位适当的人选，告诉对方，他这种做法是错的，如果双方争执、坚持不下，受害的不单是我方，对他的伤害会更大，让他知难而退。

③ 合约法

假如应用了晓以大义法后，对方还是不肯退让，你可采取

- 终止你和对方的服务合约；

- 根据合约，据理力争；

- 法律行动。

以上的三个方法和②项，在与对方交涉时，可灵活地交替使用。

（3）第二情形

这种情形，因为理亏的是在己方，只要虚心求教，坦然地承认自己的疏忽和过失，问题是很容易解决的。

年青的工程师较常会遇到这种情形。

由于资历尚浅的年青工程师，对工程操作的根基薄弱，经验不足，遇上这类问题时，往往不能辨别对方的要求是否合理。

因此，我建议：遇上这种难题时，别急于草率下判断，应该向有经验的工程前辈请教求证。

再来看看 3.1 所提的例子

乍看之下，你可能会误以为，业主是一味要省钱。

假如业主是一位不曾受过高深教育的财主，你心里肯定更会这么想：这满身铜臭的开发商，怎能乱评我这受过四年大学工程教育的判断。

其实，他的指责是很有道理的。

他是根据工程上常被引用的观察法和比较法。

你本应在接受这份设计工作的第一时间，展开对场地周边建筑基础状况的调查。

假如你已这么做，肯定能避开不必要的窘迫场面。

年青的岩土工程师，在工程技术上常遇到的问题，请参见文后的英文附件。

3.3 小结

工程上的技术问题，一般来说，是比工程上的人事问题容易解决。

但假如处理不当，后果是会非常严重的。小则招致你公司在名誉和钱财上受损，大则人命关天。

因此，所提的工程问题处理方案，除非是有例可循，最好是让有经验的工程师核准。

4 总结

假如 你能坚持终身学习的态度；

你能不耻下问；

你能虚心求教；

你能坦承错误；

加上你有一套应对良策，

你必能在你的工程事业上放出一定的光芒！

在此，顺祝同学们前程万里。

附件

GRADUATE ENGINEERS[①]

POTENTIAL PROBLEMS（Geotechnical）

A. Consultancy Firm

1. Site Investigation（SI）

（a）The amount and type of SI work necessary.

（b）Convincing the client of the required SI scope-difficult clients may insist on less SI to save costs.

（c）Effectively monitoring and supervising SI works on site from the office.

（d）When to terminate the borehole if in difficult ground conditions，whereby the usual termination criteria of seven times 50 blows/ 0.3 m or rock，cannot be met.

2. Design

（a）Choice of system to use.

（b）Design Parameters to use.

（c）Convincing the client that the design is optimum and not be

---

① 本附件是保强公司发给工程师与管理技术人员的有关基础工程设计与施工的应注意的要点。（英文）

pressured by certain difficult clients to reduce the design to a minimum or insufficient margin of safety.

3. Construction/On the Site

(a) Decide on-site or within short time-frame how to modify design in cases of construction obstruction on site.

(b) Dealing with difficult contractors refusing to carry out work as per design or as per advice given-especially in cases of temporary work construction.

(c) Failure investigation where the client/contractor expects an immediate preliminary assessment of the problem and an initial remedial proposal.

(d) What should the next course of action be in cases of unset pile?

(e) Convincing the clients on the need for test piles-especially static load tests as certain clients think carrying out PDA tests only will be sufficient.

B. Contractor Firm

1. Site Investigation (SI)

(a) Identifying the sufficiency of existing SI (if any).

(b) Convincing the client/consultant of the need for additional SI scope (if necessary).

2. Design

(a) Performing design with insufficient information &. having to make sound engineering judgements and assumptions-especially at tender stage.

(b) Convincing difficult consultants the adequacy of any alternative design.

3. Construction/On-Site

(a) As a new site engineer-logistics planning and work sequence can be difficult.

(b) Dealing with difficult (Resident Engineer/Clerk of Work) who insist that their method of construction be adopted-though it might not be very suitable.

(c) In bored pile construction, what actions to be taken if concrete truck is delayed/total concreting time becomes excessive.

(d) Dealing with non-performing sub-contractors.

(e) In cases of test pile failures, what is the immediate action to be taken-continue to load pile or remove kentledge immediately?

(f) Investigative steps to be proposed to the client/consultants in case of test pile failures.

4
价值法/价值工程

2004 年 4 月 12 日在中国南京理工大学专题讲演

1　引言

价值法或价值工程源于美国的拉里·迈尔斯（Larry Miles）（1943 年）。60 多年来已渐渐在世界各地被各个行业广泛采用，尤其是在制造业与建筑工程行业。这是一个能协助提高生产力与增加盈利并又能保有品质及快速交货期的绝佳运作法。

据好友许溶烈教授说，价值法/价值工程也渐渐地开始在中国被业者采用。上海同济大学也设有专科传授价值法课程。

2　什么是价值法？

（1）"价值法"之父拉里·迈尔斯先生在 1943 年说：

"价值法是一种处事流程，它对材料的采购、方案的设计和零件与物品的选用，采取一个最省钱而又能取得实效功能的运作法。"因此，他也将"价值法"称为"功能主导之运作法。"

（2）价值管理学院的定义为：

"价值管理是一种有组织的、严谨的处理方法，以确保物品的性能、其制作成本及交货期能取得良好的平衡，从而符合市场需求并达至经营目的。"

（3）Evalue 工程顾问公司的 Tony Barry 说：

"价值法是清楚了解了客户的要求与目标后，再找出一个最低成本的做法。"

（4）洪礼璧的说法：

"价值法是利用含有创意性的做法，以最低的成本达到客户所要求的目标，并同时能保持其品质优良与准确的交货期。"

3 何时开始启用价值法？

价值法的启用是始于"价值法之父"拉里·迈尔斯。美国刚要参与第二次世界大战之前，在美国通用电气公司（General Electric，GE）工程设计部服务的他，大约在 1943 年被调往采购部，受委为通用电气制造厂的采购员。在该厂，他以极度的热忱经常构思出低成本和有别于他人的做法来解决生产问题而名声大噪。

在战争期间，原材料、工业物品、人力和其他资源的需求竞争激烈，拉里·迈尔斯研发出了一套采购、设计和零件与物品应用的运作法，这是以"实效功能"作为主导考量。这与采用预定标准组件的一贯做法相比，新的运作法能让他更容易和更快捷掌握所需的一切资源，让他在运营中取得了巨大的成果。他不但提升了运作的效率，同时也提高了生产力，而且所生产的产品更加便宜。因为这些初步的成果，通用电气公司特地为他成立了一个以他为首的特别工作小组，进一步完善这一运作法。

在 1960 年中期，3 个美国联邦机构，即是海军船坞与码头局、陆军工程部和填海工程局，都采用了拉里·迈尔斯的运作法。由于三机构所参与的工作层面较大和较复杂，而工作人数也较多，又与工程作业有关，因此，美国政府把这种运作法改称为"价值工程"。往后这种运作法人们也普遍的称之为"价值工程"。

在 1960 年的同期间，查理士·白特伟（Charles Bytheway）先生更进一步完善迈尔斯的价值法。在 Sperry Univac（美国的一家电脑生产商）机构工作时，他用功效关键道路分析程序（Functional critical path analysis procedure）来测试价值法运作流程中各项活动的逻辑性。他也采用图表方式来显现运作流程，他将此称之为功效分析系统技术（Functional Analysis System Technique，FAST），并将此作为价值法必要的标准运作程序。往后在制作价值法的运作流程中，FAST 技术被广泛地采用并不断加以改善。FAST 技术在价值法里一直成功地被沿用至今。

4 资质认证机构

在拉里·迈尔斯于 1985 年逝世之前，价值工程运作法已获得国际广泛的认同，这促成了一间专精于价值工程的国际机构的设立。该机构发出文凭给专精于价值工程作业者。该机构就是现今的美国国际价值工程师协会（Society of American Value Engineers International 或简称为 SAVE International）。

为了在欧洲验证从事价值工程业者的资质，英国的价值工程专业者推出了一套验证程序。资质符合验证程序的价值工程业者，将由英国价值管理学院给予签发资质证明。

世界许多国家和地区也成立了类似的协会和机构。尤以澳大利亚、中国香港和日本的价值工程协会最为活跃。

5 两宗应用价值法/价值工程的个案

为了让读者进一步了解价值法的应用，下面提出了两个应用价值法的实例。

个案（1）是一个典型的价值法应用在制造业的例子（取自于 Brown 1992 年的报告）。

个案（2）是一个价值法在建筑工程上的应用。这是取自于笔者马来西亚柔佛州新山市的新山湾海上浮城的建筑工程。

个案（1）：扣栓零件

原有的扣栓零件是在一块较厚的钢板上钻两个螺丝洞（图1）。

既然这两个螺丝洞是让两根螺丝扣紧其他物件之用。为何不在一块较薄的钢板上焊接两个螺帽（图2）。这做法很明显地节省钢材。

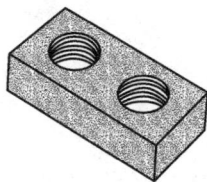
图1

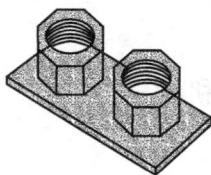
图2

从图1改成图2的制造法，其每个制造成本从32分降低至8分，每个节省了24分。也即是图2的制造成本只是图1的1/4，其功用却是相等的。

个案（2）：道路桥旁植树槽的设计

在马来西亚柔佛州新山市的新山湾海上浮城，为了符合优美环境的需求，道路桥旁需有适合栽种大树的植树槽。

由于植树槽结构设计工程师不肯定以后需要种的是什么树，以及树与树之间的距离，而又没与植树工程队伍及环境专家作深一层的探讨，他所设计的植树槽是一条可让植树者随意栽种的、非常昂贵的结构（图3）。

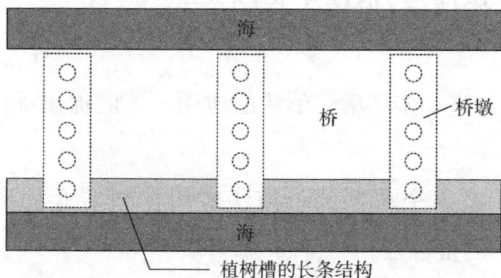
图3

经过我从中与结构设计师、植树工程队伍和环境专家的协调，选用了适宜的树木。再把植树槽的长条结构改为坐落在桥墩上的植树厢（图 4）。

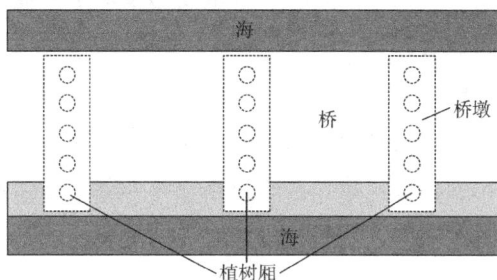

图 4

这一更改为整个海上浮城植树工程节省了上千万马币的建筑费。

6 更多的实例：价值法在物品设计上的应用

为了让读者进一步了解价值法的功效，下面再列举几个价值法在物品设计上的应用。这虽然是些非常简单的例子，但都显现了价值法的高效益。

例 1：火柴盒

据说在欧洲有一家火柴制造厂，由于竞争激烈，面临销售困境，为了避免倒闭破产，公司老板召开了一个全体员工大会，要大家帮忙想出一些如何提升公司竞争力的策略。

在会议中，一位小职员提出为何不将火柴盒两边贴着的红磷纸减少成一边，因为据他观察，一般的，一边已经足够整盒火柴的刮用。假如一边贴红磷纸，而另外一边则可印商家的广告，如此一来不但可以省下 50％红磷纸的成本，

图 5

也可以从商家那里获取额外的收入。

经过一番热烈的讨论后，公司接受了这个小职员的建议。

这个火柴盒设计的小小改革，却为火柴盒创造了新的价值，也为该公司开拓了新的商机，扩大了销售市场与增加了营业利润，也挽救了该公司倒闭的危机。

例 2：味の素

味の素是一家在马来西亚的日资食物调味料生产厂商。

在一次公司的会议，味の素的企业领导人要求与会者就成本日益上涨、竞争者日益增多、公司应该如何提高盈利的课题进行一个脑力激荡。

在会议中，一位职员把玩着一罐味の素。他发现到从瓶罐筛盖倒出味の素颗粒时，下跌数量少并且速度也非常缓慢，忽然灵机一动，他提出了为何不将瓶罐的筛盖洞口扩大一点。这样，消费者在撒调味料时很自然地就会多撒一些，不但令食物更加美味，同时也会增加调味料的用量。

简单地稍微扩大筛盖洞口（图 6），加上在电视上，以"Cha! Cha! Cha! Ajinomoto"的标语，配以年青主妇撒味の素调味料的轻快美妙动作，不断地做广告宣传，这让味の素公司大大地提高了销售量。

图6

例 3：汽水瓶子的设计

第二次世界大战期间，各种原料供应短缺，商品生产成本也不断上升。

一家著名的汽水生产商，据说是可口可乐，也面对生产成本高涨的困境。

后来该厂商想到了一个节省成本的妙法：汽水瓶的底端原本是平面的，经过重新设计成稍为向上凹的形状（图 7），减少了每一瓶的汽水容量，但外表看来其汽水容量则没有变。

这样的做法虽为取巧，但该汽水生产厂商却省下了一些成本，顺利度过第二次世界大战的艰辛时期。当然，这方法此时是行不通的，因为现在每瓶都要标明正确的饮料分量。

图 7

7　价值法与新发明

我取得的第一项世界发明专利：三角桩（图 8）也可说是得力于价值法的应用。

在我还未发明三角桩之前，预制钢筋混凝土桩的既有形状是圆形、八角形、六角形和四方形。通过价值法的考虑思维，我发现应用三角形作为预制钢筋混凝土桩的形状，不但能取得下列的功效而又能符合工程性能的要求：

（1）与既有预制钢筋混凝土桩的形状相比，以相同体积的桩，三角桩的外周面积比圆形桩、八角形桩、六角形桩和正方形桩都要来得大。如三角桩的外周面积就比正方形

图 8

桩大了 13.98％。因此，作为摩擦桩，三角桩的承载性能自然要比其他桩高。

（2）在制造时，每一次更换桩形的大小，圆形、八角形、六角形和正方形桩就必须采用一套新的塑模，而制作三角桩只需用一套等腰三角形的塑模（图 9）。这在制作方面不但省事、省时，更省钱。

三角桩不但在马来西亚，也在印度尼西亚和西欧等国被广泛采用。

大一点的三角桩

小一点的三角桩

小	大	小	大	
正方形塑模		圆形塑模		三角形塑模

图 9

8 结语

价值法/价值工程的采用，笔者是非常鼓励的。希望通过这次简短介绍，南京理工大学也能考虑设立价值法/价值工程的专科。更鼓励同学们选修价值工程的课程，这将对你们往后的作业会有很好的帮助。

5
从一个创意到发明成果的商品化

2005 年 5 月

创意—创新与发明—商品化

创意 ⇒ 创新程序 ⇒ 创新与发明

除非是一个非常简单的发明或创新，并且创新的跨度（invention step）不大，我们是很难将一个创新的想法或念头，直接地转变成为一个发明或创新物品。

但是，假如创新跨度小的话，你就不能取得专利权。假如不能取得专利权，你就没法保护你的创新或发明。

一个有重要意义，或者是有价值的创新或发明，从一个创意到一个发明或创新物品，这是要有一个过程的。

而我将这个过程，称为"创新程序"。

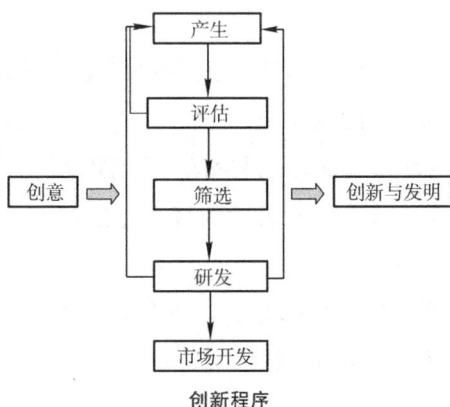

产生 → 评估 → 筛选 → 研发 → 市场开发

创意 ⇒ 筛选 ⇒ 创新与发明

创新程序

创新程序

我在这里为大家讲解什么是创新程序。程序看似简单，其实，假如你仔细地看一看这一个程序，并问一问：

- 创意是如何产生的？是在什么情况下产生的？
- 程序是如何有效地操作？如何能取得比较好的效益？

你会发现，这程序不但相当复杂，并且是要经过重复的思考和演算。

正因为创新程序相当复杂，所以一般人对创新与发明有不同的看法和见解。

那些本身不是创新或发明的人，或者是没有参与创新或发明工作的人，一般的他们都会认为创新或发明：

- 是来自于天才的灵光一现，像牛顿在 1666 年时，当他坐在一棵苹果树下，一粒苹果掉落在他头上，灵机一动，忽然悟出了万有引力的道理；
- 或者是应该出自于特有天赋之人；
- 或是来自于偶然的意外发现，像 Charles Goodyear 在 1884 年，意外地发现硬化橡胶的方法；
- 或者是运气。

就算是创新者或发明者本身，他们也很少能完全地了解，创造和发明的缘由及错综复杂的过程。

这可能就是为什么市面上，很少有关于创新和发明的文献和书籍。

这也可能就是为什么企管大师唐彼得，他在 1997 年出版那本创新领域的书里，写下：

为什么关于创新的书籍那么少，而有关团队/授权/企业再造/品质管理的书籍等却琳琅满目？我认了！太难了！

Why are there so f-e-w books on … INNOVATION … and s-o-o-o

many on teams/empowerment/reengineering/quality? （1）Beats me!
（2）Too hard?

　　—Tom Peters，The Circle of Innovation

为何创新和创新程序会那么难以理解？

因为创新是有关：

- 人
- 是要有一个创新的环境和文化
- 是要能取得他人的扶助/支持

并且以上三者必须配合无间。

（1）关于人

如果没有创意就等于无创新与发明

创意如何产生？

是来自于人。创新者/发明者必须具备某些先天和后天的特质/素质。

　　先谈一谈关于人

　　所有创新和发明都是源自一个概念，并且是要富有创意的概念，但所有的概念，必须有人才能提出。到目前为止，世界上还没有一台最强的计算机，或其他的东西能取代人，来产生创意。

　　在这里，你可能要问，是不是每一个人都能成为创新的人或发明家？我恐怕要说：答案是否定的。这是因为，一个创新的人或发明家，必须拥有一些天生的特质，同时他也必须拥有一些由后天培训出来的智慧和技能。

　　因此，要培训出一位创新者/发明者，是一件非常困难的事。但是，一些对创新程序有相等重要性的非天生特质是可以通过后天的培训获取的。

　　这就是所以为什么一个创新者或发明家，是不容易或者不能，纯粹的通过教育或培训塑造出来的。然而，一些对创新和发明，起着相等重要作用的非天生特质，如智慧和技能是必须通过后天的教育和培训的，同时培训也会提升和释放出一个人的创新能力。

我个人认为，一个成功的创新者或发明家，必须拥有一些表 1 中所列的，天生和后天培育的创新特质。

创新者的主要基本特质　　　　　　　　　　　　　　表 1

先天特质	先天特质但需获得教育/外在因素的提升	后天获取的特质/素质
• IQ≥普通水平	• 横向思维	• 拥有丰富的资源
• 好奇/好询问	• 勇于尝试	• 接触面/见闻广阔
• 富有想象力	• 富有联想力	• 分析力强
• 冒险精神	• 自动自发	• 专门知识
• 好学	• 全心投入	• 知识渊博＋经验丰富
• 有恒心	• 勇于挑战	• 兴趣广泛
• 喜爱挑战	• 乐意与人分享	• 运气（准备＋机缘）
• 敏锐观察力		

先天特质包括：

- IQ≥普通水平
- 好奇/好询问
- 富有想象力
- 冒险精神
- 好学
- 有恒心
- 喜爱挑战
- 敏锐观察力

一些特质，像 IQ 或资质、好奇、好询问或富有想象力，都是天生的。

你天生有就有，你天生没有就没有，是不可强求的。

这些天生特质，还是要加以培育，才能利于创新。

先天特质但需获得教育/外在因素的提升包括：

- 横向思维
- 勇于尝试
- 富有联想力
- 自动自发
- 全心投入
- 勇于挑战
- 乐意与人分享

虽然这些特质，像横向思维、勇于尝试等，也都是天生的创新特质，但是却是要通过一定的后天培育，才能加以利用和发出光芒。

后天获取的特质/素质包括：

- 拥有丰富的资源
- 接触面广阔
- 分析力强
- 专门知识
- 知识渊博＋经验丰富
- 兴趣广泛
- 运气＝准备＋机缘

这些特质，如拥有丰富的资源、见闻广阔、渊博和专门的知识，基本上都是要通过后天的教育和培训。

你们可能会问，为什么我把运气放在这里（Change Slide），因为我相信，运气是等于准备＋机缘。当准备和机缘碰在一块儿的时候，就是好运。

假如你没准备好，就算有再好的机会在你面前走过，你也没办法抓住它，反过来说，你准备工夫十足，但是你碰不上机会，那你就是没有运气。

因为准备是后天的功夫，所以我把运气放在这里。

先天特质

一些先天的特质是产生创意必须拥有的要素，一个资质（IQ）较低的人是很难成为一位创新者。

拿 IQ 这个先天的特质作为一个例子，我们很难想象一个低资质的人能成为一个发明家。

这就是为什么我刚才说，并不是所有人都可以成为创新者。

后天获取的特质/素质：

- 能大力地协助提升创造力
- 是创新程序的要素
- 确保创新会有价值和能商品化

后天所培育出来的特质，如智慧和技能等，也是产生创意的要素，同时也能大力地协助提升创造力。

一些后天培育的特质，像分析力、渊博的知识、广阔的见闻，也是成功执行创新过程的要素。一般来说，也是后天培育的特质，它能协助确保创新和发明的物品，能够商品化。

我将创新程序，每一个步骤所需要的特质，加以归纳如下。

创意

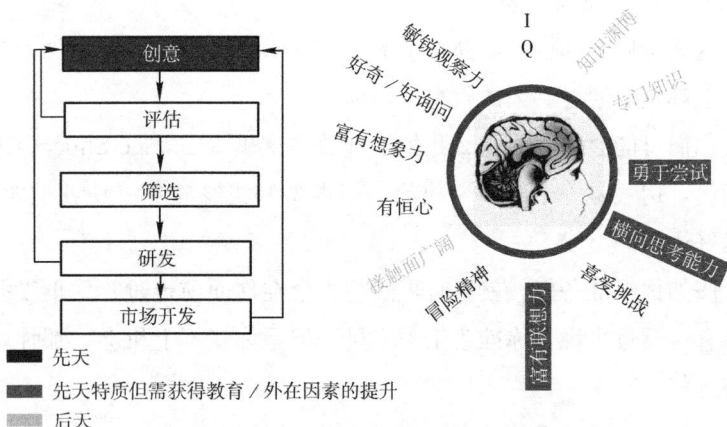

请大家注意一下，在这张图案里，黑色和灰色字体是代表先天的创新特质，浅灰色字体是代表后天培育的创新特质。从这张图表，你可以看到，产生创意所需要的主要特质是天生的。

评估与筛选

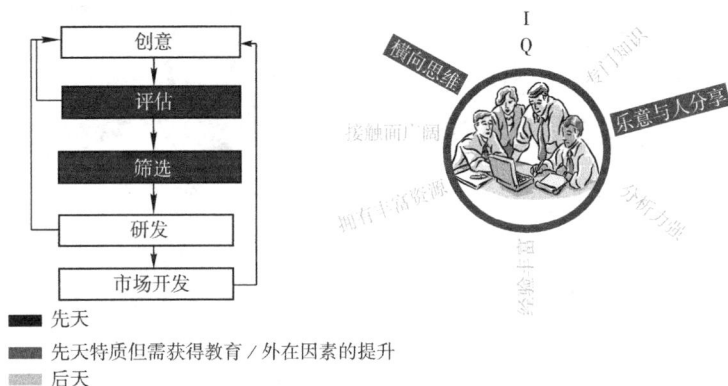

■ 先天
■ 先天特质但需获得教育／外在因素的提升
▨ 后天

然而，在评估和筛选这个步骤，主要是靠后天培育的特质。

研发

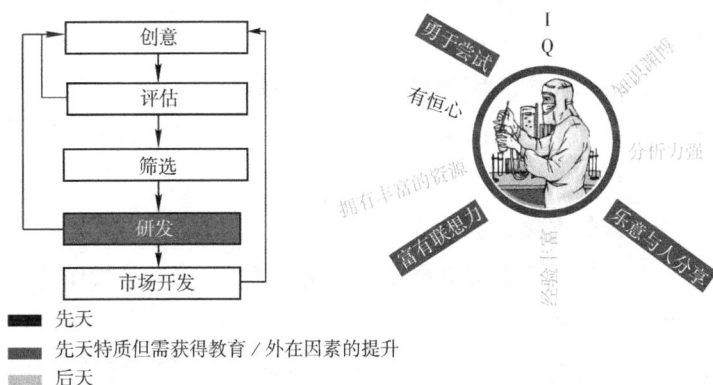

■ 先天
■ 先天特质但需获得教育／外在因素的提升
▨ 后天

至于研究和开发这个步骤，天生和后天培育的特质是一样的重要。

市场开发

创意 → 评估 → 筛选 → 研发 → 市场开发

■ 先天
■ 先天特质但需获得教育／外在因素的提升
▨ 后天

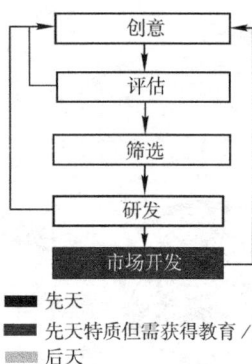

成功商品化所发明或创新的物品，却需要更多的天生与后天培育的特质。

创意为何与如何产生？

让我们先探讨一下创意是如何产生的。

创意是如何和怎样产生的？我认为，"需求是创新和发明之母。"需求是创意的原动力。

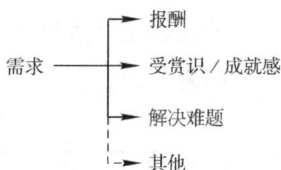

需求 → 报酬
需求 → 受赏识／成就感
需求 → 解决难题
需求 → 其他

一般来说，引发和推动这原动力是来自于：

• 钱财上的酬劳或回报，如：创造一个新产品或新的制作程序从而提升其竞争力。

• 或寻求知名度、成就等。

• 许多创意也会在解决难题时，或者寻找一个较易操作的方法或制造程序时产生的。

• 当然也可能是纯粹出自于兴趣，或对某种学问和知识寻求突破。

可惜的是，很少人能拥有，一切所需的先天和后天培育的创新特质。

假如你没有创新所需的一切特质，你是否就不能成为一个创新的人或发明家？我认为只要他／她：

- 拥有一些比较重要的天生创新特质，而且好学和勤奋；

- 处于有一个良好和给予充分支持的创新环境；

- 能取得必要的外在援助，能争取到一定的财力和技术援助，他还是能成为一个成功的创新者或发明家。

（2）关于环境与扶助

良性和给予支持的环境与文化是创新/发明的要素。

无论是在家、学校、职业场所或是社会，你要有一个优良和能给予充分支持的环境，如：给予鼓励、奖励或财力和技术上的支援，这对创新与发明是非常重要的。

因为，这不但能协助塑造和培养创新能量，同时也能强化一个人的创新能力。

教育、工作和社会环境所造成的压力和习惯，经常会削弱创新智力。当一个人受到教育上、工作上和社会上很深的影响和压力，如教育的体制、工作的环境、社会的制度、奖赏制度及责任等，再加上习俗上的约束，这些都将会渐渐地弱化一个人的创新智力。

我们大家都知道在处理一个课题时，年纪较大的人一般会依赖过往的经验和做法，而不会去创新，因为这比较直接容易，也比较不费力。根据统计数字，大多数申请专利者的年龄都是在 25～35 岁之间。

正因为如此，创新智力应该从小开始培养。因此我要强调给予充分支持和关怀的家庭和学校及其良性并适于创新的环境与文化，对培育创新智力是非常重要的。我也要强调，在塑造创新智力方面，父母和教师扮演着非常重要的角色。

要培养一个小孩的创新智力，为人父母和为人师表者，千万别压制孩子们的好询问和好奇心。我们更应该给予孩子们适当的鼓励、支持、奖励和肯定。

我发觉到，许多东方人，尤其是华人的父母和老师，碰到比较好奇和好问的小朋友，一般会说小孩子别多问，或者说教你怎么做，你就怎么做，别啰嗦！

假如你希望你的孩子能成为一个富有创意的人，希望一天他能成为一个发明家，那你对孩子千万别用那种口气。

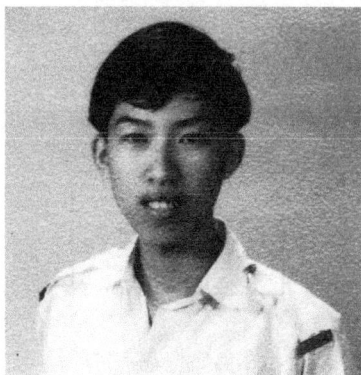

我年少时的创新经验

让我和你分享，我年轻时候如何得益于一个良性的并给我充分支持的环境。

例1：

女士们先生们，请你们仔细地看一看这4张照片，除了它们都是一雌一雄的动物之外，你们能不能够再看出，它们还有什么共同点？

雄鸡 & 雌鸡　　雄孔雀 & 雌孔雀

雄打架鱼 & 雌打架鱼　　雄狮 & 雌狮

雄性比雌性漂亮？

假如你的答案，是和我在 1965 年初，高中时所发现的一样，那我要恭喜你，因为你是个拥有天生创新特质的人。假如你能好好地掌握和努力，我认为，你会有机会成为一个能创新的人，或者说不定，你也能成为一个发明家。

在高中时，我们每个星期要交一篇周记，周记的题目，学校没有硬性规定，让我们自己选择。

每个星期写一篇，选题变成一个问题。

一个周末的下午，在想着要写什么的时候，从书桌上的窗口，望向窗外的草地，我看到了一对公鸡、母鸡和一群小鸡。一个念头忽然在我的小脑袋里一闪：雄性比雌性多姿多彩与漂亮？

为什么鸡、孔雀、打架鱼、狮子，还有其他许多的飞禽、走兽、游鱼，雄性的总比雌性的多姿多彩和亮丽？

那我们人呢？是不是也一样？

当时我推论，既然人类也是动物群体的一种，我们就不应该是例外。因此我论断男人应该比女人好看，男孩子应该比女孩子漂亮。

你们其中一部分的人，可能会不同意我的论断，我认为这是偏见。

因为我们本身是人，我们的看法是很难客观的，而且我们的看法往往都会受文化和普遍想法的影响。

不过，假如一只狗或一只猫会说话，我相信它看着一男一女时，肯定会说他是比她更漂亮。

他比她更漂亮

男生比女生漂亮？

可是在动物界里，
雄性都比雌性好
看··

因此，男生比女生漂亮！

那天的周记，我就是写"男生比女生漂亮"。在周记里，我描述了我的观察、见解、推论和论断。这篇周记虽然只有短短的几百字，我的级任老师几乎给了我满分，并且他还在班上，就这篇周记，公开地称赞我观察力强、想象力强和推断力强。这是对我创造力的一个肯定。

经过我级任老师的称赞，在班上我可以说是一夜成名。但很可惜的是，除了女班长以外，所有班上的女同学，在往后的几个星期里，不再跟我说话，她们简直把我当作是一个不正常的怪物。

在这儿我想向在座的女士们说声抱歉。我讲这个例子，并不对你们有丝毫的不敬。

我也要劝劝男生们，请不要太得意，别把我的论断当成一句口头禅，我是担心你们会找不到老婆！

例2：达尔文的进化论

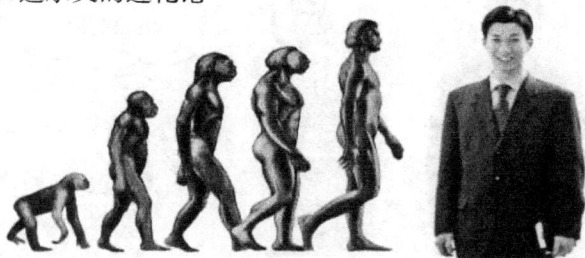

进化论

　　一个月后，生物老师开始给我们讲解达尔文的进化论。他说，猴子进化为人猿，人猿进化为人，而进化的过程是需要亿万年的。

　　当时我说，我不同意达尔文的这种说法。

　　老师显得有点不高兴，因为可能从来没有学生胆敢挑战一个大师的说法。他大概以为我是调皮，故意搅和。

　　我说，老师，时间是持续性的，不间断的，对吗？

　　老师显得更加不高兴了，他提高声调的说：这与进化论何关？

　　我说：既然时间是连续不间断的，那猴子进化成人猿，人猿进化成人类也就不应该间断。既然有第一只人猿进化成人，就应该有第二只、第三只，连续不断地到第亿万只，第亿万加一只等演变成人，那为什么我们今天看不见人猿进化成人？

　　老师显然是听不进我讲什么，更不接受我的这种看法，他可能以为我是开他的玩笑。我差一点被他赶出课室。

　　当天下午，我被他叫去教员办公室，我还以为他要处罚我了！

　　一踏入他的办公室，我看到他和我的级任老师在一块儿，脸带笑容地望着我。他不但没有处罚我，他反而告诉我，他们已经决定派我和女班长及另外一位同学，代表学校，去参加一年一度的州际数学与科学问答比赛。

　　后来我才知道，原来是我的级任老师告诉他，我是一个富有想象力和有创意的学生，我并非存心跟他捣蛋。

　　踏出教员办公室时，我感到非常高兴。因为这是对我敢于挑战，提出创新概念，给予的莫大的鼓励和肯定。

　　以上就是我刚才所说的女班长林妙容同学，和另外一位同学吴明华同学。在这次的比赛，我们获得了团体冠军，同时我也赢得了个人组的冠军。这是我学校第一次获得双科冠军。

　　这位女班长，1973年成为我现在的太太。这应该是我高中时创新的最大回酬。

赏识与奖励

最大的奖励

例 3：柱状模拟理论的延伸

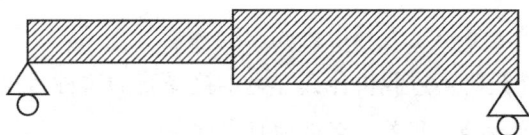

变截面之单跨简支梁

从高中到大学，因为受到了在高中时的鼓舞与支持，在大学时，我的好奇心、好询问心和勇于创新的精神，可说是有增无减。

同时，我也继续挑战一些教授讲师们所传授的定理和知识。

在年少时，我最大的创新成就和突破，应该是在马来亚大学，念最后一年土木系时，延伸了柱状模拟理论。

柱状模拟理论，是用来分析和测算变截面之结构梁的演算法。

原有的柱状模拟理论只能用在单跨简支梁。

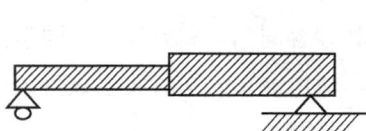

变截面之单跨简支与固定端梁

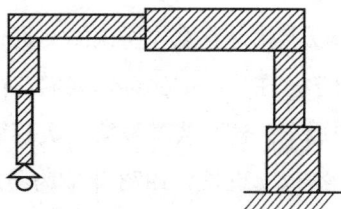

变截面之简支与固定端之单拱跨

我的岩土与结构学教授，已逝的陈芳基教授，成功地把这理论延伸至单墩距简支与固定端梁，和简支与固定端之单拱跨。

在一个清晨的讲课，陈教授告诉我们，他如何取得这理论的延伸，他是驾着车在马来亚大学大门前的交通圈上忽然想到的。他希望，我们有一天，能将这个理论延伸到多墩距梁和多拱跨。

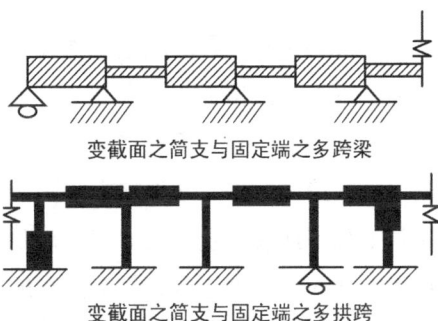

变截面之简支与固定端之多跨梁

变截面之简支与固定端之多拱跨

下课后，延伸理论的念头一直在我心中盘旋。

在当天下午，当我在洗澡房洗衣服时，一个可能延伸理论的念头忽然在我心中一闪。我丢下洗着的衣服冲进房间。从那一刻开始，我就一直埋头在书桌上，从大约午时 3 点没吃没睡地一直忙到第二天的凌晨 4 点，我完成了整个理论的延伸，同时也做了多个测试来验证我的理论的准确性和可靠性。

奖励！

虽然完成了，我再也睡不下去了，我急着想把我这个突破告诉陈教授。

这时我才觉得饿，我到邻近的一个 24 小时营业的印度咖啡茶餐店吃东西和等天亮。

陈教授习惯性地在清晨 6 点就会到学校。

在印度店一个多小时后，5 点半我就到了学校，坐在陈教授的房门口等他。一晚没睡，清晨又冷，我的脸色自然显得苍白。当陈教授看到我时，吓了一跳，以为我是出了什么事。

当我告诉他，我已完成了他昨天所提的意愿，延伸了柱状模拟理论。我可以觉察到，我快速的突破，让他动容了。

隔天，他在课堂上公开地表扬我，又在工学院的试验室内，给了我一间有空调的房子，让我专用到毕业，作为我突破的奖赏。

从那天起，班上的同学，就一直称呼我为洪教授。

这是对我的创新智力和能力，给予非常大的肯定、鼓舞和奖励！

从那时起，我意识到：

- 我拥有创新思维

- 我拥有发现新事物的能力，并明白表现创意将会带来回报（像名声，受赏识和奖励）

- 年少时的自立，有助于创新智能的发展与提升

我在 8 岁就没有了母亲，16 岁又失去了父亲。从小就失去父爱母爱，父母的教导、关怀和勉励，这是非常不幸的。

但从另一个角度来说，少了父母的呵护，年少自立，有更自由的发展空间，我觉得，这对我的创新智力和能力的成长有良好的影响。

因此，我鼓励父母应在适宜的情况下，尽早让孩子自立。

年少时期所获得的鼓励，支持和奖赏，都有助于创意/创新能力的发挥。

在这一点，我算是比较幸运的，从高中到大学我所作所为能取得多位老师的谅解、肯定和勉励。

因此，我希望老师们能有更大的包容心，愿意倾听同学们的不同声音和意见，给予他们多多的鼓励和支持，需要肯定时应该给予正面的肯定，需要奖赏时应该毫不吝啬地给予奖赏。

在后来的事业生涯中，我之所以能提出一系列关于岩土工程的创新解决方案，以及发明或开发许多工程产品/程序，并获取了专利权，与年轻时的有利环境息息相关。

我也相信是少年时候的肯定、支持和奖励，促进了我创新智力的成长，释放出我的创新能力。这造成了，在后来的事业生涯里，我能在岩土工程方面，设计出许许多多的创新工程方案。同时，我也创新和发明了多个工程产品和工程程序，并取得了几个专利。

下面是我的几个发明。

例 4：三角桩（Tripile）

三角桩是我在 1981 年取得的第一个发明专利

例 5：快速深基础贯入仪（IFP Penetrometer）

快速深基础贯入仪是我另一个拥有专利的发明。它操作简易快速，能立即在现场提供设计参数。它的用途是在深开挖时，用来验证岩土层的承载力，像钻孔灌注桩连续壁，或在海底、河底等的深开挖。

　　例6：中间板桩（Intermediate Plate Pile）

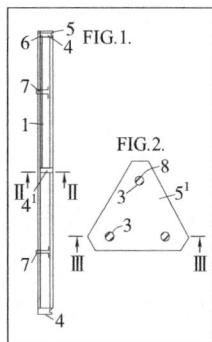

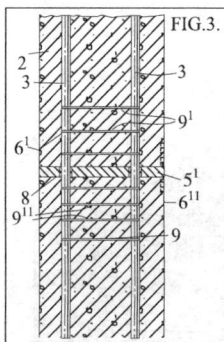

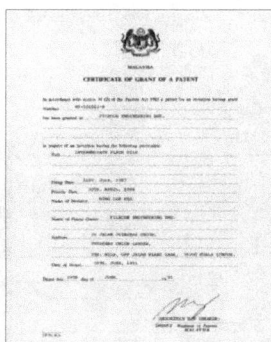

中间板桩设计图　　　　　　　　　　专利权证书

　　中间板桩是一个有专利注册的预制桩，它是在桩体内嵌入衔接钢板的钢骨混凝土预制桩。这是用来减低桩的浪费。

例 7：创新的阶形钻孔灌注桩 （Innovative Stepped Bored Pile）

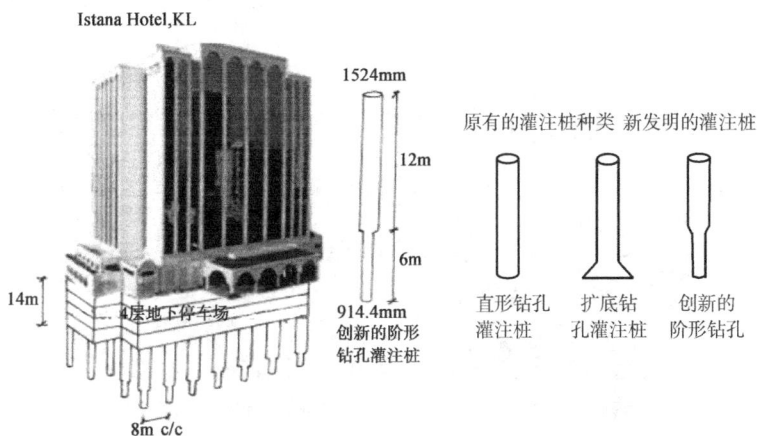

在我还没有发明阶形钻孔灌注桩之前，原有的钻孔灌注桩只有直形和扩底钻孔灌注桩，而我的发明是将桩设计为阶形。

在某一些性质的岩土，阶形桩不但能节省用材，也能减低建筑物的总体沉降率，尤其是高层建筑物。

我没有为这个发明申请专利，因为这个发明的创新跨度不太大。但我却用这发明，争取到吉隆坡皇宫大酒店的基桩工程，为我公司赚取了几百万马币。

例 8：水上飞机场 （Airport Over The Sea）

飞机降落在离岸的跑道

这是一个全新的机场设计方案，是一个机场设计和运作程序的重大创新。许多发达国家像美国、英国、日本和西欧等国都给了我超过25年的专利。

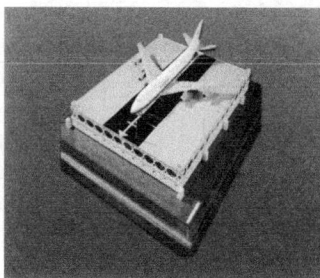

飞机驾上浮动迷你终站　　　　迷你终站驶向岸边的机场中心

让我快快地和你们分析一下，刚才那3个在高中大学时的例子，到底是哪些创新品质产生了作用。

（1）男生比女生漂亮

由细心的观察，而得来的发现；

应用垂直与逻辑思维，收集证据来论证该发现；

通过横向思维，提论出"男生比女生漂亮"。

（2）达尔文的进化论

除了应用垂直与横向思维的技巧之外，另外两项必须在这里强调的创新品质是：

① 勇于挑战；

② 冒险精神。

（3）柱状模拟理论的延伸（Extension for Theory of Column Analogue）

要强调的创新品质是持之以恒。

我刚才忘记跟你们说，从那天下午3点到隔天的凌晨4点，在推测理论的延伸时，我碰到了多次的挫折，我尝试，我失败，我失败，我再尝试，尝试失败，失败尝试，我相信这是我的坚持，我的不折不挠和恒心，才能取得了这次的突破。

职业场所所应具备的创新文化

让我们再谈谈，要利于创新，一个职业场所和公司或机构，所应具备的条件：

要在企业内部提倡创新，就必须有部分员工：

- 具备创新特质
- 明白如何管理创新活动

在这一方面，则必须着重人力资源的开发。因为人力资源的开发，和公司或机构能否创新是息息相关的。比如：如何挑选和聘请及保留有创新品质及能力的员工，以及如何培育和推动员工的创新活动等。

同时也要有一个能促进与推动创意的企业文化，和有一个以创新为中心的经营策略。

以上一切都以"人"为本，也就是说，以上的这一切，不管是具备创新品质或懂得创新管理，或者是创新企业文化又或者是创新经营策略，都需要有适当的员工。因为只有人才能创新、才能管理创新，也是人才能制定出所需的文化和策略。

因此，我要再次强调，人是公司能否创新的重要资源。

政策所扮演的角色

政府在促进和推动创新方面可扮演重要的角色。政府可以通过其施政政策，如：

- 教育与人力资源开发政策；
- 对创新给予认可与奖励；
- 对创新给予税务优惠；
- 推动贸易、投资的开放，尤其对创新思想的开放；
- 援助配套；

- 通过政府采购来促进创新；
- 推行一个研发，科技与创新的生态系统；
- 拥有一个完整的保护知识产权的法制。

马来西亚总理阿卜杜拉巴达维于 2005 年 4 月 28 日所提的国家生化科技政策，就包括了以下推动创新的措施：

---

1 降低税率和税务优惠

2 生物科技人力资源开发

3 通过创新生物科技，提升经济价值…………

4 ……………………………………………………………………

………………………………………………………………………

………………………………………………………………………

5 ……………………………………………………………………

财务与技术援助

然而政府所能提供的扶助，一般来说是有限的，政府主要的功能是政策性的。

因此除了一些国防性和战略性的创新以外，一般的创新主要的财务与技术援助还是必须仰赖私人界。

要从私人界取得财务与技术的援助，我个人认为最重要的是，愿意与人分享和愿意与人合作。

愿意与他人合作

个人鲜少能完全拥有所需的创新特质，及掌握一切所需的技能、知识和经验。因此，我们无法靠个人的力量完成整个创新过程。

欲取得创新或发明的成果，时间是要素。

多年来，我见过许多人，对一些物品或程序，有一些很好的创新想法，但他们一般都没有办法进一步地将他们的想法实质化，也就是说，发展成一个可用和有价值的产品或程序。这往往是因为他们缺少应有财力和技术的支持，自己又没有足够的财力和全面知识与技术，而又害怕或不愿意与人分享和合作。

在这里我要强调的是，愿意与他人分享成果和合作，是通往成功创新和发明的要道。

因为，对一个比较重大的创新或发明，一个人很少能有足够的资源、知识和技术，他很难单枪匹马地全面完成和验证一个创新的想法，全面地掌握研究开发一个创新或发明的工作，和将开发出来的成果商品化。

就算你能，你也可能需要更长的时间来完成。再说，你的创新或发明，别人也可能有同样的念头，他们也可能同时在开发着，因此创新和发明贵在神速，这样你才能抢先一步。因此，愿意与他人分享和合作就显得更重要了。

从事过创新活动的人都知道，重大的科技创新，都必须获得庞大的财务支援，并需要结合或运用多个领域的技术。

将创新商品化，则必须有敏锐的商业头脑，和卓越的经营手法。

一般来说，一个能创新的人，未必会是一个好的生意人，因为好的生意人是拥有一些不同的专长和特质的。

一个团队，尤其是这个团队，拥有各种不同专长和知识的人，是产生创意创新概念的最佳平台。

因此，要成功地创新或发明，你就必须摒弃自私自利的心态，并拥有愿意与人合作及与人分享的胸怀。

与他人合作，最大的疑虑是害怕创意或创新成果会被他人攫取，或在创新的财务利益上，吃亏于赞助者。这种担心是有道理的，但可以利用以下的防范措施保护你应得的利益，并且具有法律约束力：

- 在开发时期，可以通过合同的约束，跟你合作的伙伴签署保密合同，或保证不向外公开的合同。

· 在申请专利后，你又能得到专利权、版权和工业设计法令等的保护。

创意—创新/发明—商品化

三角桩是我在刚创业时所发明，并申请专利的工程产品。我想利用三角桩的发明，来加以说明，刚才我所提出的，一些有关发明和创新的要点。

为了那些非土木系的同学，让我简单地介绍一下桩是什么。

桩的定义

· 桩是长形的结构单元，以垂直或稍微倾斜的角度打入地底，以支承建筑物或其他构筑物，如桥、路堤、工厂等。

· 桩的材料可以是木材、混凝土、钢和合成材料。

在1980年之前，世界上通用的桩和其承载力，是像表2所显示的。

在20世纪70年代末期和80年代初，马来西亚建筑业蓬勃发展，因而造成木桩短缺。同时我也注意到木桩的20吨承载力和其他桩的40吨有一个空档。

桩的承载能力   表 2

桩的种类	单桩承载能力
木桩	<20 吨
钢筋混凝土/钢铁桩	>40 吨

木桩的桩与桩衔接口脆弱，因此木桩不适合于入土较深。用在较高的建筑物，也不太经济。加上市场上缺货，我当时觉得，应该有一种新的桩，来取代木桩，兼而填补，我刚才所说的承载力的空档。

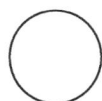

面积=l^2

周长=3.545l

面积=l^2

周长=4.00l

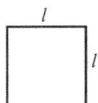

面积=l^2
周长=4.559l

△周长比 □ 周长大13.98%，比 ○ 周长大28.6%

三角桩的模具

因为我在基桩工程上的专长和多年的经验，我想到了利用三角形的钢骨混凝土预制桩，作为我心目中的新品种桩。

在这之前，混凝土预制桩只有正方形、六角形、八角形和圆形。没人用过三角形。

三角桩的长处：我也发觉到三角形的桩，有两大好处：

对相等的横切面积而言，三角桩比正方形桩大 13.98%，比圆形桩大 28.6%。因此，从岩土承载力的角度来看，三角形能大力提高桩的承载力，尤其是较细小的桩，因为其承载力主要是来自于摩擦阻力。

对正方形、六角形、八角形或圆形的桩而言，制造不同大小的桩，必须使用不同大小的铸模；然而三角桩则只需使用一个铸模，便能制造出不同大小的桩。

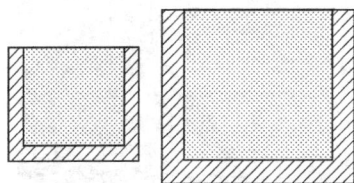

不同大小的正方形桩
必须使用不同的铸模

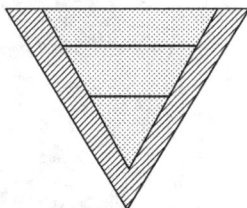

不同大小的三角桩
可以使用同一个铸模

研究与开发

从初步的概念向前一步，我邀请了我在马来亚大学念书时的讲师，陈亲发博士，来协助我展开研究和开发的工作。

这包括了在实验室内和实地的测试，来验证三角桩的结构设计及其实用性。

测试三角桩

我也邀请了我在马来亚大学的同学，钟国强机械工程师，来协助我设计一套适合于三角桩的施工设备和三角桩的铸模。

对他们两位的协助，我答应他们，我会与他们分享发明的成果。同时我也答应他们，我会与他们联名申请专利。

三角桩打桩机

三角桩接头

三角桩的制成品

因为我愿意跟他们合作和分享，我不但解决了，在研究开发上，我所欠缺的其他领域的专长，同时，更让我在短短的一年时间里，完成了三角桩的研发，申请专利并推向市场。

更重要的是，我能有更多的时间，来发展和经营我刚创立的建筑公司。让我的公司，能赚取足够的财力，来支撑三角桩的研发。

因此，我也要告诉大家，我在短短的三年里，将我这家初创的公司，在股票行上市了。

能成功地发明，又能成功地经营好公司，我认为这一切，应该是归功于我愿意与他人分享和合作。

三角桩的市场行销

市场行销所需要的专长，资源和支援，与创新/发明所需要的有很大的不同。你必须有强大的财务支持，并且能承担财务风险。同时，你必须获得相关企业、专家和公共机构的支持。

成功开发一个新产品的市场，所需要的专长和资源，与创新和发明所需要的截然不同。不但需要有强大的财力，也需要有一个愿意承担财务风险的心态。

同时，你也需要掌握市场和经营的技巧，也需要能取得相关企业界、专业人士和公共机构对你发明的支持。

没有人愿意成为新产品的试验对象，三角桩成功地在市场上推广，主要得力于我公司的支持。

再说，不愿意尝试新产品是一般人的心态。尤其是三角桩，它是一种重要的基础结构，并且深埋在地底，有什么问题不容易察觉，所以在三角桩推向市场时，更是加倍的困难。就像英国人的谚语："No one would like to be a guinea pig"。

我能成功地把三角桩推向市场，主要是靠我公司的支持和我独有的经营方法。

至今，已有数百万米的三角桩埋植在马来西亚的土壤里，它也在英国和印尼获得了广泛的采用。

总结三角桩的发明过程

让我将如何产生三角桩的概念，三角桩的研发过程和将其推向市场总结一下：

• 是我对市场的敏锐力、在基桩工程的知识渊博和丰富经验及观察力，产生了三角桩的概念。

• 是我在基桩产业的认知和分析力，让我发现三角桩的长处。

• 是我乐意与他人分享和合作，使我能在短短的一年里，取得发明的成果。

• 是我过去在基桩工程上的表现，取得了专业团体和政府机构，对三角桩的认可。

• 是我有专长的经营手法，和公司大力的财力支持，开发了三角桩的市场。

使用三角桩的工程

以下是一些使用三角桩的工程例子。

位于吉隆坡敦拉萨镇蕉赖区国际奥林匹克标准型游泳池

位于巴生莫鲁路的电信局

芙蓉阿逸依淡高速公路的桩支承堤

梳邦国际机场酒店

结论

女士们先生们，我想重提以下几点作为今天的结论：

- 人是创新与发明最重要的资产
- 创新思维必须从小就开始培养
- 员工、政府、父母和教师在创新活动中扮演着重要的角色
- 环境及文化是推动创新的必要条件
- 愿意与他人合作、足够的财务支援和卓越的经营手法是成功创新与开发市场的决定性因素
- 了解市场的需求，掌握时机，适时的创新才能确保其价值与重要性

综观上述几点：

假如说掌握时机是天时，良好环境是地利，人是创新重要因素，及需与他人合作或他人支持是人和，那么一个有市场价值和对人类有贡献的发明或创新是需要天时、地利、人和三结合！

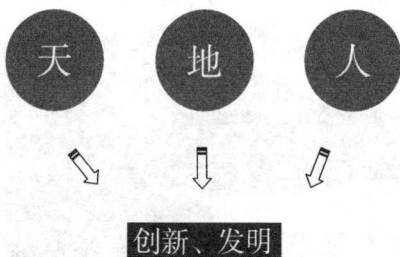

天　　地　　人

↓　　↓　　↓

创新、发明

谢谢！

祝各位在人生旅途上创一个春天！

6
工程师的事业发展之路

2007 年 4 月 2 日在中国南京理工大学专题讲演

1　前言

工程系刚毕业或即将毕业的同学，肯定对我今天要和各位探讨的这个课题，或多或少都会有思考过。

有的同学可能打算继续深造，有些同学则可能选择踏入社会。

继续深造，是毕业后马上就去，还是先工作几年，吸取一些经验后才去比较好？是出国还是留在国内深造比较好？

初踏入社会，要选择哪类的职业比较有出路：是要投身教育事业，为国家训练人才？是要从事研究工作？是要专精于设计工作？是要加入建筑业或制造业队伍？是要经商还是要从政？

今天我选择这个课题，主要的原因是许多年轻的工程师：

（1）对自己的未来缺少正确的方向；

（2）对工程师能发展的道路欠缺认识；

（3）不了解工程师在 21 世纪能扮演一个举足轻重的角色，尤其是在消除贫穷和可持续性发展方面。

当我决定了要给同学们讲这个课题时，我曾经上网查阅有关这课题的资料，可惜的是有关这方面的资料很少，更可叹的是在中文网站上，仅有几篇关于工程师出路的文章，不单是言之无物，并且有些很可悲的想法，如：一篇有关女工程师之出路的文章①，却教人学张茵，

---

① 　2006 胡润百富榜发布张茵荣登中国第一位女首富。

如何成为中国的第一位女首富；一篇工程师职业的文章①，却把中国工程师说成是最可悲的职业，比扫地都不如；一个谈深造的网页，谈的只是如何向往留学欧美，是美国还是法国的居住环境比较好？而不是在什么地方能学到更多、更有用的知识和科技。

其实工程师是一项值得人敬重和神圣的职业。工程师的出路也非常广，并且在 21 世纪多个领域里能扮演一个极为重要的角色。

要深入探讨"工程师事业发展之路"，应该先谈怎样能成为一位好的工程师，因为只有品德优良和专业的工程师，才能有好的出路，所以今天我先要和各位谈谈"怎样做一个对工程界对社会有贡献的好工程师"，然后再和各位谈"工程师的出路"。

2　怎样做一个对工程界对社会有贡献的好工程师②

怎样做一个会对工程界对社会有贡献的好工程师，我要谈的主要有四点。

第一点是：立志或定位。

要成为一位对工程界对社会有贡献的好工程师，我觉得，立志，给自己确定方向，给自己确定方位，自己要有一个远景，而且要尽早立志，尽早确定方位，尽早确定方向，这才有可能达到成为一个好工程师的愿望。

第二点是：修身。

修身是不断地学习，不断地增加自己的知识层面，知识层面不但要深，而且要广。修身除了提升自身的知识以外，同时，也要不断地

---

① 工程师——中国最可悲的职业，作者柚子，网站 http://bbs. digi. qq. com/cgi-bin/bbs/show/content。

② 怎样做一个对社会对工程有贡献的好工程师（06 - 05 - 1997）——洪礼璧在南京理工大学获颁"客座教授"荣衔并发表的专题演讲。

提升个人的品德和专业道德。我们常听说，老师是灵魂的工程师，可想象到，工程师是一个多么崇高的荣誉。我们又常听说：十年树木，百年树人。老师是百年树人，我们工程师，是建国，是建社会。如果一个老师，没有敬业的精神，没有不断地学习新知识，没有高尚的品格，怎能期望他能调教出好的学生？同样的，一个工程师，如果没有敬业和专业的精神，没有高尚的道德和品格，不能与时并进不断学习，又怎样能协助国家社会的进展？

第三点是：创意/创新。

身为一个科学家、工程师或科技专才，要对国家、社会和人类有一定的贡献，除了敬业乐业以外，也需要有创意。有了创意才能有创新，才能促进工程这门科技不断地更新、不断地向前推进，才能协助国家和社会的进展，及为人民谋福利。

第四点是：知识层面深与广的重要性。

不管是从事哪一个领域的工作，只凭借本身工程的专业知识是不够的，难于担当重任。要能出人头地、要能作为国家领导、要进入工程机构的领导层或成为企业大亨、要能创新，除了对本身的专业要有精深的知识之外，还一定要掌握其他多方面的知识，如：经济、法律、会计、管理、市场、公关、人事，甚至于其他工程领域等等的知识。

下面，我会引用一些例子，来进一步说明我刚才所提的四点。

由于我本身是土木工程师，我所提的例子，有些是跟建筑和土木工程有关的。不过，我希望这些例子，不单是给土木工程师或学土木工程的同学，也希望能给其他的专业和学习其他科技或工程的同学们作为借鉴。

（1）立志/定位

让我先和各位谈谈立志和定位。

在人生的规划中，我比较喜欢用"定位"。因为"立志"只是一个志愿，只是一个心中想达到的愿望，而"定位"不单是一个愿望，也是一个有规划、有行动计划的未来远程目标。

我这一生中，在年少时就立下了两大定位。从这两个定位，我也在很早的时候，就为自己的人生定下了两个远程目标，并为这目标进行了短、中和长期的规划。

第一个定位是：要成为一个成功的工程师和企业家；要做一个对工程、族群、社会与国家有贡献的人。

第二个定位是：人生三部曲。

要成为一个成功的工程师和企业家；要做一个对工程、族群、社会与国家有贡献的人：

想成为一个成功的工程师和企业家，我在大学时就已经给自己定位，我选择了岩土工程和桩基工程行业，作为我未来的发展事业。在大学里，我花了很多精力在岩土学和桩基工程学，连我的大学论文也是从事桩基工程的研究；大学毕业后，我宁愿放弃比较高薪金和比较轻松的工作，而选择在收入较少、工作较辛苦的岩土工程和桩基工程单位里服务。

选择岩土工程和桩基工程行业，是因为当时马来西亚的建筑业与基础建设刚起步，而且当时在马来西亚的岩土工程和桩基工程的专才也非常少，拔尖的也只有一两位。所以认定了岩土工程和桩基工程行业，会有很大的发展潜能、很好的发展机会、能很快地出人头地。

我在1973年初毕业。毕业后，只用了短短的5年时间，在1978年时，我已是一家中小型桩基工程公司的总经理。

1980年代初，我放弃了稳定的生活，辞去了高薪的总经理职位，出来自己创业，开办了一家桩基工程的专业公司。从初创到1983年尾，我将这家公司，发展成为一家新马（新马—新加坡和马来西亚）两地最著名、最大的桩基工程建筑与设计公司，并于1984年初在吉隆坡股票市场上市，为建筑工程公司在吉隆坡股票市场上市开了先河，也就是第一家在吉隆坡股票市场上市。到了 1990 年代初，这家公司已发展成为一家大型的、综合性的产业与工程集团公司，并在这集团公司底下拥有三家上市公司，包括一家在澳大利亚的上市公司。我的集团公司，也曾经在 1990 年代初，一度被美国的"财富杂志"列为发展中国家最有发展潜能的公司。

在同一个时期，我也在工程界，尤其是在岩土工程和桩基工程界，取得了一些成就，如：我发明了多项的桩基工程新技术，并取得了几项专利，这包括了三角桩、岩土硬度测试仪等，三角桩除了在马来西亚也在国外被广泛地采用，尤其是在印度尼西亚。同时，我也在新马两地，从西欧引进了几项桩基工程的新技术。这一切协助提高了马来西亚岩土工程桩基工程的水平。

在我发展企业的过程中，我也大大地提高了工程建筑公司的形象，让一向不愿加入工程建筑队伍的工程师，再也不会觉得在工程建筑公司工作，没有社会地位、没有前途和不够专业。

从初创到 90 年代中，我在工程和企业上的成就和贡献，我在：

• 36 岁时（1982 年），在岩土工程桩基工程设计和施工的专长，受到了马来西亚前总理马哈蒂尔医生的肯定和重视，并称呼我为 Mr. Pile，桩先生。

• 38 岁时（1984 年），被马来西亚的一家财经杂志社封为"打桩大王"。

• 44 岁时（1990 年），获得了马来西亚工程师协会颁发的"最佳工程贡献奖"。我是第二位获取这项奖项的人，第一位是个六七十岁的老工程师。

• 50 岁时（1996 年），被委任为马来西亚国家科学院院士，我是第一批被委的院士，在当时也是最年青的一位。

到了 46 岁左右，我在工程界和企业界的贡献、成就与地位，已被社会和国家肯定，所以我可以说，我已达到了第一个人生目标，那就是"要成为一个成功的工程师和企业家；要做一个对工程、族群、社会与国家有贡献的人"。

我能在短短的 20 年里达到这个目标，其中最重要的因素是在大学时就定了位。尽早定位固然重要，但还是要努力奋斗、刻苦耐劳，不为了眼前的小利，而放弃既已制定的正确定位，才有希望成功。

人生三部曲：

我的第二个定位："人生三部曲"，是将我的一生分为三个阶段：第一阶段是"学习、求知识、学做人、充实自己"；第二阶段是"工作、创业"；第三阶段是"回馈社会"。

以前的人常说：人生七十古来稀，然而由于现今生活环境与卫生条件的改善，加上医药与治疗发达先进，许多国家的人均寿命已达到了 70 多岁。

我将人生分为三个阶段，每段将有 20 多年。到了 1997 年中，我已度过了大约三分之二的人生岁月，所以我决定从企业上退下来。

在 52 岁时（1998 年初），我脱售了我手上集团公司的全部股票。

许多亲戚朋友，包括我的兄弟姐妹们，都不相信我会在这个年龄从企业上退下来。他们都以为是我看到了亚洲经济大风暴即将来临，要将股票兑现，等风暴过后，再重出江湖。经济风暴的来临，是我考虑脱售的原因之一，但并不是最主要的原因。主要的原因是我已到了人生的第三阶段，是时候"回馈社会"了。所以当我说我不会再重回工程企业界发展时，他们都会问我是否要全面退休？我说我不会退休，我只是将"建筑工程"换成"社会工程"。

离开了企业界，我投身于社会工作，这包括了：在马来西亚的多个华人社团及工程科技团体提供义务性的服务；给年轻人免费讲学等等。

这几年来我在社会的工作，对马来西亚的工程界、社会和国家作出了一些贡献。而这些贡献，也再次受到了社会和国家的认同与肯定。

2001 年 8 月至今，我被马来西亚委为国家社会保险机构的主席。我是第一个私人企业界出生的，也是第一个华人，被委上这坐拥 130 亿马币的基金，全民机构的高位。

2005 年末，我被马来西亚华人经济咨询理事会委为秘书长（这理事会是在 2005 年时成立，由马来西亚四个最高的华人政治和工商及民间团体所组成的）。

2006 年，我获得了东南亚国家协会（东盟）工程科技院院士，同年，我也获得了东南亚国家协会（东盟）工程师组织联合会颁发的荣誉工程院士。

我能毅然地离开企业界，投身社会服务，这是因为我早已给我自己的人生做了个定位。而我会毅然地放弃企业界的一切，主要是，我认为我在工程和事业上的成就，是社会和国家给我的。如果没有师长们、社会和国家的栽培，我一个早年失去双亲的穷小子，就算我再聪明、再有本事，又怎能顺利地成为一个成功的工程师兼企业家。所以我觉得"回馈社会"是绝对应该的。

如果你们现在问我，放弃那一呼百应、风光无限的企业高位，是否会有些后悔？我的答案是肯定不会，而且我要大声地告诉你们，我会将我剩余的人生岁月，尽力地继续为社会服务、为人民、为国家、为全世界华人、为全世界人民谋福利。

（2）修身

谈完了立志，接下来我要和大家谈一谈修身的重要。

谈到修身，我们有一句俗语："学如逆水行舟，不进则退"，更有一句我们时常拿来劝告年轻人的话："三日不读书，面目可憎，语言无味"。我认为这两句俗语，在今天资讯发达，科技进展一日千里的时候更显得重要。假如一个人，拿了一个学士、硕士或博士学位后，就觉得是天下通了，不再进修，不再不断增广和加深自己的知识，以为修完学位后，除了累积经验，高等学府里学到的就能受用一生，我认为这个人会远远地被抛在社会的后头。

我们对不好的医生，常常冠上"庸医"这两个字，不进修的工程师必定会成为一个"庸碌无能的工程师"。大学里短短的几年，我们学到的是有限的，浅薄的和局部的，要成为一个对工程、社会、国家有贡献的好工程师，必定要持续不断地进修学习；也只有持续不断地学习，才能掌握最新的技术，才能把自己的知识层面加深加广；只有能把握最新的技术，拥有深和广的知识层面，在工程上才能有所突破，才能有所创新；也只有工程上的突破和创新，才能给人类、社会、国家作出贡献。

我在企业界的时候，面试了许多要到公司来求职的工程师。每一次面试的时候，我都会要他们告诉我，自从毕业后，平均每年阅读几本本身专业的杂志和书本，又阅读了几本其他科技的杂志和书本。我常常感到很失望，许许多多的工程师离开大学后，就好像和书本绝了缘。我想告诉大家的是，我的一些稍许的成就，我能被一国的总理赏识，我能在十多年里，发明了或创新了好几个工程技术和工程项目，这都是得益于我持续不断地探讨新知识、探讨新技术、不断地加深和加广我的知识层面。

除了在知识方面要持续不断地增长，也需要兼修个人的品德。有了高尚的品德，有了丰富的知识和经验，工程师能使人类生活更美好。没有高尚的品德，假如把丰富的知识用在坏的方面，那不但不能造福人群，反而会危害人群、危害社会、危害国家。就像激光这门科技，用在好的方面，可以作为医疗用途，如：用来治好近视、切除眼角膜，在电脑、通信、娱乐等领域也有非常广泛的用途；在工程方面，可以用来做精确的测量工作。但用在坏的方面，可以成为致命武器、摧毁人类、摧毁世界。

同样的，假如一个缺德的工程师，在工程设计和施工时，投机取巧、偷工减料，造成了一个大水坝的崩溃，一座高楼大厦的坍塌，不知道要造成多少人命的伤亡，多少财物的损失。这些工程出问题的例子，比比皆是。如：1986年的新加坡世界酒店、1993年的吉隆坡高峰塔、1994年韩国一座横跨汉江的大桥、1995年韩国的幸运购物商场等。这些建筑物的坍塌，造成了不可挽回的严重人命伤亡、严重的财物损失。

2002年10月28日第六届中日韩工程院圆桌会议时，韩国前任科技部徐部长Jung Uck Seo也语重心长地指出，工程道德问题将是21世纪工程师面临最大的挑战，他建议世界各国在维护工程道德问题上开展合作。

所以，有高尚的专业道德，有好的操行、品德，对一个工程师是非常的重要。

当然，品德修养应该是多方面的。中华文化的四维八德，也就是礼义廉耻，忠孝仁爱，信义和平，是品德修养最高的准则。假如一个工程师，能根据这四维八德作为准则，肯定的是能成为一位品德高尚的工程师，在他的事业上，也必然能有所作为。今天，我只想从这四维八德的十二个字中，挑出一个"信"字来和大家讨论，这是因为"信"对成功创业和经营事业至关重要。我也将提一些"信"字跟创业和经营事业有关的例子来和大家分享。

俗语说得好："人无信而不立"。

我认为一个人要创业，很重要的一环，是怎样能让他人信任你。能相信你，把货物先放给你；把一件工程交给你，相信你能如期地顺利完成，顺利交差。

已故的李光前博士，是新加坡一个白手起家的大企业家。有一次他被朋友问起，成功的秘诀是什么？他说："凡是在工商企业上很成功的人，就是能让银行深信你的人。"李光前博士本身是个重信用的人，他能成霸业，成为企业家、银行家、慈善家，是和他重信用息息相关。

一位从香港移民到马来西亚的著名商家曹文锦先生，他曾经说过："信用是领袖需要具备的典型品格"；他说："一个将军要在战役中获胜，就必须获得部下的信任，同样的，企业要成功，也必须获得雇员或合伙人的信任。"我深信，曹文锦也是一个很重视信用的人，他才能获得各方面的信任。所以他搞生意，尤其是船务，都搞得有声有色，业务遍布亚洲各国，深受马来西亚前总理的重视，多次委以重任，并且在 1973 年获得马来西亚元首赐封 Tan Sri，一个非常高的勋衔。

我可以举出好多好多的成功人士，重视信用而达致成功的例子，不过，今天由于时间的关系，我只举出上面的两个例子。

我想和各位谈谈，我本身对"信"字的看法。我顺便举一些亲身的经历，来和各位分享重视信用所能取到的成果。

从小，我就体会到"信"字的重要。在我 12 岁的时候，我爸爸病倒了，一家的生活陷入困境；作为家庭中的一份子，我为了要协助家庭度过这次的难关，也不想中断自己的学业，我决定自己找些小生意来做，希望能赚取一点钱，一方面能帮补家用，一方面能自供自读，继续我的学业。

我老家是在波德申直落甘望。波德申是马来西亚的一个著名海浴场，我打算在这海浴场摆一个小档，卖些食品和饮料给游客，可是没钱买货，怎么办？我找到了一家和我爸爸有一些交情的小商店，希望这家小商店的廖老板能看在和我老爸以往的交情，先把货给我，让我卖完了以后再还他钱。我那时只有 12 岁，当我向廖老板提出这个要求时，难怪他会以怀疑的眼光望着我。最终，他让我说服了，不过，他只答应让我尝试一下，只给我一箱 24 瓶的汽水。我拿了这箱汽水，到海边去"阿哥""阿嫂""阿叔""阿婆"地喊了一轮，可能买的人看我是个小孩子又好口，所以在短短的一个小时里，就把这箱汽水卖完了。一卖完，我马上把空瓶子带回小商店，把钱还清给廖老板。廖老板很惊奇地望着我，他大概觉得我这小子卖得比他还快，一卖完又马上把钱交回来，是值得他相信的。他立刻叫他那个年纪比我大的孩子送了五箱的汽水到海边让我再卖，我当天也把这五箱汽水卖完，也照样把钱还清给廖老板。

各位，你们知道那天我赚了多少钱吗？那时候，一瓶汽水我从小商店拿来的成本是1角2分，卖给旅客一瓶是2角5分，总共6箱144瓶，我总共赚到18元7角2分。这是在1958年的事。那时的18元7角2分，是足够一个贫穷家庭一个星期的伙食费。这是我第一次自己赚的钱，这也是我的"第一桶金"，这第一桶金装的不只是那18元7角2分，而是满满的一个"信"字。

我从卖汽水，增加到卖椰浆饭（Nasi Lemak）、卖草帽、卖冰淇淋到卖各种各样的马来糕点。这些食品和货物都是由其他人先给货，卖完后才还钱。我记得，一个热闹的公共假期或星期天，在最高峰的时候，我能一天净赚一百多两百元马币。

朋友们，这几乎可以说是没本生意。我的本就是一个"信"字！

廖老板是我那小镇的名人，他是小镇学校的董事长，取得了廖老板的信任，就等于能取得其他人的信任。一个"信"字，能让我不需要本钱地去做这小生意，这不但能协助我的家庭度过难关，也让我顺利地完成我的学业，成为一位工程师。

各位，你们可能觉得我刚才所举的例子太琐碎了，似乎和工程事业扯不上关系，不过，对我个人来说，这段经历对我在后期开创事业，带来无限的启示，让我明了到"信用"是事业成功的非常重要因素。假如不是这个"信"字，我相信我也没办法取得我上面所说的拥有一家大集团公司的企业成就，我也不能在工程事业上出人头地。

我在上面提到了在1980年自创公司，当时公司的资金只有2万马币。我公司的第一单工程项目，是大约300万马币的桩基工程，工期只有短短的四五个月。只有那 2 万马币的资金，如果不是我早期在商场上，建立了商场上朋友对我的信心，是绝对没有办法去承担，要在四五个月里完工的 300 万马币的工程合约。我能承担这项工程，是商场上的朋友们，能先给我建筑材料，从业主那儿收到钱才付还给他们，施工队伍也愿意施工，收到钱后才付还。

18 个月后，我从马来西亚政府承接了一宗要在 6 个月里完工、3000 多万元马币、技术性相当复杂的岩土桩基工程。当时公司的总资产只有二十来万马币，而其中能动用的流动资金只有区区的七八万。以一个资金少的新公司，能得到政府的重托，又能超前两个月完工，并取得了 300 万马币的超前完工奖金（这是我真正的第一桶金），秘密就是一个"信"字，人家相信我！

这场工程的顾问工程师和建筑师，曾经告诉前总理马哈蒂尔医生，他们说："这场工程若要六个月完成，只有洪礼璧能。"

像公司的第一项工程一样，建材与机械供应商、施工队伍，还有公司的全体员工，都相信我、支持我，愿意和我同心协力，为马来西亚的岩土桩基工程建筑史，写下新的一页。

我在前面提到的，前总理马哈蒂尔医生称呼我为 Mr. Pile，桩先生，就是从这项工程完成后开始的。

在 1992 年，我只花了短短的两个星期的时间，就获得了一宗26500 万马币，相等于人民币 79500 万元的贷款，作为私营化马来西亚柔佛州新山供水工程的融资。这是一笔庞大的免个人和免公司担保的融资。这么庞大的免担保的项目融资，而又能在这么短的时间里获得，也是在马来西亚开创了先河，也就是在马来西亚是第一宗。我相信，能取得这项融资，除了这私营化计划是一项好的投资项目，更重要的是我个人的为人，和我公司在这些年来的经营，让金融和银行界，认为我个人和我公司是值得信赖的。

我希望我刚才所提的一些例子能让各位认同"信用和诚信"的

重要。

"修身、齐家、治国、平天下"，我们的"至圣先师"孔子，对修身非常重视，他把修身排在齐家、治国、平天下之前。

除了我上面提到的四维八德，我也把"修身、齐家、治国、平天下"这句话，改成"修身、齐家、治公司、国际化"，作为我个人立身处世的准则。现在我想说一下，我奉为立身处世的这个准则。刚才我谈了许多有关修身的，让我接下来简单的谈一谈"齐家、治公司、国际化"。

齐家：一个人应该要有一个温馨、温暖和谐的家庭，这才能让你专心于事业，发挥所长；相反的，即使学有所长，由于家事的干扰，夫妻一天到晚吵吵闹闹，这会形成情绪的不安，不能专注。这肯定的，会严重地影响事业上的成效，更枉谈事业上能达到什么重大成就了。所以，我认为只有能把修身做好、齐了家，才能在事业上把事业搞好。有一次，我对我公司的高级职员讲话的时候，告诉了他们我这个准则。有一位同事问我，他说："洪主席，你说齐家，不过有好多在科技上，事业上或生意上成功的人士，他们都离了婚，那你怎能说齐家是重要的？"我告诉他们，就是他们离了婚，变成孤家寡人，不需要去齐家了，所以就少了一件事操心，有更多时间和空间来发展事业。没有家，变成"修身、治国、平天下"，那当然也行。不过，各位，人生在世，除了事业，也应该有亲情和温情，这个世界才是一个温暖的世界，也才是一个美好的世界。

治公司、国际化：有了"定位"，有了"修身"，加上勤俭、肯拼、机缘和懂得管理，必能将公司治理好，将业务扩大。公司壮大了，业务扩大了，才能走出去，才能有机会成为一个跨国公司，才能面对全球化所带来的挑战和竞争，才能把自己的工程成就贡献给全世界。

这就是我所说的："修身、齐家、治公司、国际化"作为立身处世的准则。

（3）创意/创新

什么是创意和创新？要成为一个有创意/创新的人，须具备些什么条件？怎么样的环境是适宜创新、适合于培养出有创意/创新的人才？有关这一方面的课题，我在 2005 年时，在这里讲过了，我今天就不再讲了。

我今天要举一些我曾经历过的例子，来说明创意/创新，对一个成功的、有贡献的工程师和企业家的重要性。

我这一生最幸运的是，我不但想象力丰富、富有创意，并且有创造、创新和经营管理创新的能力。

在中学时代，我写了一篇富有创意的作文，那就是"男的比女的漂亮"，赢得了老师的赏识，更赢得了一位聪明贤惠的女同学的青睐，她就是我太太林妙容女士。她不但帮我生了一个聪明又能干的女儿，还帮我齐了家，省了我在创业的过程中，不必为"齐家"一事操心。

在大学最后一年时，我延伸了一个结构设计学的定理（Theory of Column Analog）。同样的，我当时也得到了大学里的讲师和教授们的赞许，尤其是岩土工程与基础工程学教授已故的陈芳基先生。他更在我成功延伸的那一天，在讲堂里当着同学们的面前称赞了我。

更值得我高兴的是，陈教授也因此成了我毕业论文的导师。陈先生虽然是大学教授，但他也是当时马来西亚工程界，最顶尖的岩土与基础工程大师。

我的原本定位，是要以岩土工程和基础工程，作为我未来的发展事业。有了陈教授的引导，我对岩土工程与基础工程业的发展前景，认识更深，也更乐观，这促使我对原本定位的想法，更加坚信不疑。

在我事业的发展过程中，我最要感谢的两个人，就是我太太和陈教授。是我太太帮我"齐家"，让我没有后顾之忧，能专心于事业的发展和为社会服务；是陈教授的辅导，进一步释放了我的创造和创新能量，让我在后期的事业发展、事业经营、企业管理、工程设计、建筑施工等方面，多有创新。

我相信创新，我公司相信创新，我懂得创新，我懂得经营创新，我懂得珍惜创新的人才。我在企业上的成功，可说是有相当大的一部分，应该归功于我和同事们的创造和创新能力，如：在 1990 年时，我以创新的设计和施工方案，赢得了新加坡三德城（Suntec City）6000 万新币的基础工程；在 1992 年时，我以三角桩作为替代方案，更赢得了一项 33000 万马币的大道工程（这是马来西亚南北大道南部的一段大道工程 Machap-Sedenak）。

其实，我在前面所说的，在工程上的一些成就，对工程、社会及国家的一些贡献，也是和我的创造、创新能力息息相关。

让我再多举两个例子，来进一步的说明，创新对一个企业的生存和发展的重要。

例 1：3M 公司成立于 1902 年，是美国一家以创新产品而著名的公司。2004 年其营业额第一次突破了 200 亿美元的大关，而大部分的销售额是来自自主创新的产品。3M 是美国十家最有创新产品能力的公司，单在 1998 年就取得了 611 项新产品注册专利。这家老店能百年常青，主要是：它相信创新，懂得经营创新[①]。

例 2：据说：日本丰田汽车公司即将超越美国通用汽车公司，成为世界最大的汽车制造商。日本丰田能有今天，其中一个最主要的原因，是它在汽车生产流程上不断地革新，尤其是它所创的 JIT 采购供给生产的方法，更大大地减低了其生产成本。这 JIT 采购供应法已被许多商家广泛采用。

（4）知识层面深与广的重要性

记得以前我提过毕业五年后我就当上总经理吗？这家我当上总经

---

① 引自 The 3M Way To Innovation by Ernest Gundling。

理的桩基公司，当时是处在即将倒闭的边缘，手上只有一两单没有多大盈利的小工程，公司的资金是负 70 万元马币。我当时只是公司里的一个小工程师，公司的董事们又怎么会挑选上我呢？他们知道，我在桩基工程设计和施工已达到了能独当一面的专业水平，不过却因为他们比较少跟我接触，所以对我当总经理的其他能力有所保留。幸亏从母公司派来暂代公司总经理的宋彼得先生，知我甚深，知我好学不倦，知我好学上进，宋先生作为代总经理时，曾和我讨论过公司的业务，所以知道我对桩基工程业务的经营和发展有独到的看法，对公司的行政、管理、会计、经营和市场有一定的认识，也知道我的为人是值得信赖的，并且知道我小时候曾当家做过小生意，因此他认定我是适合的人选，并向公司董事局大力地推荐了我。宋先生当时向董事局说："小洪是最有希望让公司'起死回生'的人"。我不负宋先生所望，四年后，将公司发展成为新马一带最著名最大的、有盈利的桩基公司。

各位，我能被选上，我能将公司成功发展，你应该看得出，那是因为我兼备了专和广的学识。

成功发展了这家桩基公司，奠定了我后期创业、经营和发展事业的基础。然而，要将事业扩大经营，靠的还是要不断地自我进修、不断地增进和增广知识。不然的话，像在 20 世纪 90 年代初，我本是一个土木工程师，又怎能掌管那一个多元化的跨国集团公司。当时，我公司业务涵盖岩土工程、建筑工程、机械工程、电子工业、房地产业，业务遍布亚洲和大洋洲各国。再说，假如我没有多方面的学识，又怎敢、又怎能在后期当上国家社险机构的主席。

掌管一个国家也是一样，像马来西亚的前总理马哈蒂尔医生，中国的多位领导，像邓小平、江泽民、李鹏、胡锦涛、温家宝等都是工科出身的，你想一想，除了他们都有领导天分以外，但假如他们没有其他多方面的才能和学识，怎能平稳地领导一个国家，把国家发展得好、让经济成长得快。

我相信，创新者和著名于创新的公司都会告诉你，知识层面的深与广对一个创新者尤其重要。我能将一些有创意的想法，如：三角桩、海上机场等等，很快地、成功地变成一个创新产品或设计方案，并取得专利，是得益于我在岩土基础工程的专深学识，和广泛地掌握了一些其他多方面的科技知识。因为懂得一些其他科技，我能与其他科技专才沟通，取得他们的协助。一个想创新的人，有了一个有创意的想法，若能得到他人的协助，取他人之长，补自己之短，必能加速和提高创新的成功率。

小结

要做一个对工程界对社会有贡献和成功的工程师并不难，难就难在你是否有这个意愿、是否肯拼、是否肯牺牲眼前小利？假如是的话，请你尽早为自己"定位"，严谨奉行"终生学习"和"四维八德"作为立身处世的准则，要相信创新，要懂得经营创新，必然会有所成。当然，要非常的成功还是要有眼光和一点运气，尤其是在创新和做生意方面。

3 工程师的出路

工程师的出路很广

工程师的出路是很广的，尤其是在迅速发展中的国家，工程师会有更好的发展空间，在先进国，工程师在高科技领域也应该会有很好的发展机会，还有，工程师也能在 21 世纪扮演一个举足轻重的角色，尤其是在消除贫穷和可持续性发展方面。

工程师可以选择在工商企业界、工程界、科技界、建筑界、金融界、教育界、公共服务领域，甚至于政界等领域，谋求发展。

我们念工程的很幸运。在修工程的过程中，我们不但学会了识别问题、鉴定问题、分析问题和如何寻求解决方案，也学会了如何选择最可行、最有经济效益和社会效益的方案。能掌握处理问题和方案的技巧，为工程师在往后处理业务、研发工作、事业发展方面，扎下了一个稳固的基本基础。加上，整体来说，念理工科的理性强、逻辑性强、自学能力也比较强。因此，一般来说，工程师比较容易从事工程以外的其他行业，而又能取得很好的成就。工程师转入其他行业，并取得极大成就的例子，古今中外，比比皆是，如：意大利著名大画家达·芬奇是工程师、英国大诗人也是小说家托马斯·哈代是建筑师、现任美国赛贝斯（Sybase）公司首席执行官程守宗是工程师、还有上面所提到的中国国家领导人江泽民、李鹏、胡锦涛都是工程师。

再说，我也是不折不扣的工程师，但只当了 5 年的全职工程师，却当了 14 年综合性的集团上市公司总裁和已经接近 6 年的国家社险机构主席。

上面提到的美国赛贝斯公司首席执行官程守宗工程师，他最近接受中国中央电视台第四台访问时（28-02-2007 播放）指出：他因为在公司工作多年而没法进入管理层，就此事询问其上司，他的上司说，他的英语不够好，难以跟人沟通，难以发表言论和公开讲话，难以代表公司与人谈判。他说：他为了进入管理层，痛下决心，痛下苦心，花大钱，请了一位电视台女主播教他英语。皇天不负有心人，皇天不负苦心人，他终于坐上了公司首席执行官的宝座。程守宗工程师能在异国他乡，改变了自己的命运，取得如此的成就，是他肯面对现实、勇于接受挑战、肯学肯拼、有上进心、勇于争取。

我要再说一句，工程师的出路是很广的，只要你有决心，你肯痛下苦心，不管是在哪一个行业、哪一个领域，你都会有机会出人头地。

出路的选择

谈过了工程师出路之广，接下来要谈的是工程师出路之选择。

要进入哪一个行业？要进入哪一个领域？正确的选择是成功的一半。

如何选择一条成功之路？那是要"知彼知己"，才能"百战百胜"。一般人常说"知己知彼，百战百胜"，那是错误的想法。要先"知彼"后"知己"，才是正确的。像一个企业，肯定要先考虑市场的需求，后考虑公司能否供应，市场是"彼"，公司是"己"。要先考虑市场后考虑公司，因为市场的需求是外在的力量，一般来说不由得自己掌控，而公司的供应则可以自我调整，自我调控，以应市场之需。人生的规划也像企业一样，先要"知彼"后"知己"，才能走向成功之路。

因此，一个工程师在选择行业或领域时，要先以宏观和微观的角度去细心思考，哪些行业前途比较好，哪些领域比较有发展前景。选出了这些行业和领域后，才扪心自问，哪一个行业、哪一个领域最适合于自己的兴趣和才识。这才能选择出一条成功之路，这也就是我所谓的"知彼知己，百战百胜"。

一个在籍的学生或是初出茅庐的工程师，对行业和领域的发展趋势与远景，一般来说认识不会太深，对自己的才识和潜能也未必会很清楚，因此应该多听、多问、多阅读有关这方面的资讯，多向老师和业界的行家请教。

即将踏入或刚踏入社会的工程师，最想问的是：哪一个行业或在哪一个领域，工程师最有出路、最有前途。

从未来世界的科技、经济和社会发展趋势来看，工程师将会在生物科技、能源工业和环保/绿色工业及海洋开发等领域，有很好的发展前景。

• 生物科技

许多著名的科学家与经济学家预测，在 21 世纪，生物科技将续ICT 之后，坐上世界经济发展的领航地位。工程师在生物科技研发和工业领域里，会有非常好的发展空间，尤其是学生物工程、生物讯息工程和纳米科技工程等。

• 能源工业

世界原油的蕴藏量越来越少，根据国际能源机构的预测，到了2020年时，除了文莱和墨西哥，几乎所有的亚太国家，都要进口原油。加上各大国争夺石油资源，中东地区的战乱，使得近年来石油价格暴涨，居高不下。这促使新能源和再生能源，成了各国目前热门研究和开发的重点课题，新能源和再生能源工业也必将应运而生，进而成为近期的重点工业。能源和再生能源工业的开发，真的都需要有各类的工程科技人员，因此工程师们会有好的机会在这方面大展拳脚。

• 环保/绿色工业

近年来全球气候变迁异常，全球升温，带来了极大的灾害，造成了人命与财物严重的损伤。假如再毫无节制地消费和开发，再不减低温室（效应）气体（主要指二氧化碳）和对环境与水源污染的排放，地球的承受力是有限的，人类将会自我毁灭。人们对环保的意识已日见加强，除了美国和一些贫穷落后的国家，大部分各国政府对环保工作，都给予了不同程度的重视。工程师，尤其是环保工程师，在环保工程及其相关领域里会有很好的出路，也有很广阔的发展空间，如：节省能源、替代能源、再生能源和绿色产品的研发和工业等等。

• 海洋开发

海洋资源丰富。除了在20世纪末已经部分开发了的石油与天然气，海洋尚有极其丰富的其他资源有待开发。

2000年王曙光先生在中国全国海洋厅局长会议上讲话时指出①，海洋是尚未充分利用的自然资源宝库和巨大的环境空间，是人类可以

---

① 认清形势不辱使命努力做好工作迎接海洋世纪——王曙光，网站 http：//www.soa.gov.cn/zhanlue/hh/5.htm。

开发自然资源的"第六大洲"，开发利用海洋是解决 21 世纪陆地资源的逐渐匮乏、人口的膨胀性增长的重要途径。

联合国教科文组织总干事松浦晃一郎先生①，也在 2004 年世界环境日致词时指出，海洋中的生物资源和非生物资源对于我们所知的生命的存续至关重要。

海洋资源开发晚于陆地，各大国对海洋资源的开发都给予非常重视，海洋资源的开发必将成为 21 世纪最具经济发展潜能的新领域，工程科技人员将能在此领域找到大好的发展机会。

每一个国家都有不同的国情，不同的经济环境，不同的经济建设，不同的发展阶段，中国也不例外，因此中国的不同发展阶段，将会给中国工程师带来不同的发展机会。

中国沿海一带及一些重要城市，近年来发展迅速，但在内地的大西北地区、部分的东北地区和云贵广西一带的发展才刚开始，学土木工程、建筑工程和机电工程的同学，如果肯到这些地区去发展，是会有大好的前途。再说，山东省沿海的海洋资源也非常丰富，这也是可以考虑的一个好去处；还有，温家宝总理在中国第十届全国人大第五次会议发表工作报告时，再次地强调发展新农村基础设施建设的重要，也极度地关注有关污染减排、降耗和节能指标提升的课题。这方面的工作要做得又好又快，是需要大批科技人才的投入、协助和贡献，工程师是可以在这方面扮演一个重要的角色，而且一来可以助国家一臂之力，二来又可以在自己的事业上有所发展。现今是全球化的大时代，中国现在有许多大小外资公司，工程师可以通过在这些外资企业工作或在国外深造，寻求在海外发展。我一年只来中国三两次，有关中国工程师的出路，在国外的报道也不多见，所以我只能从宏观的角度，提些意见作为大家参考。

---

① 海洋存亡 匹夫有责——联合国教科文组织总干事松浦晃一郎先生 2004 年 6 月 5 日。

在前面我曾经提到过，工程师是能在消除贫穷和可持续发展方面扮演一个重要的角色。2006 年 11 月 27～28 日在吉隆坡举办"2006 国际能源大会（2006 IEC）"时，身为大会主席的我，有机会和现任世界工程师组织联合会（WFEO）主席 Kamel Ayadi 及卸任主席李怡章，一起探讨未来工程师的挑战。他们共同指出：工程师未来最大的挑战是如何消除贫穷、如何促进可持续性的发展。他们强调，未来的工程师应该：

• 具有全球的视野，了解全球目前面临的挑战。

• 以人为本，在社会生活中产生积极作用，从而引导世界走向更美好的方向。

• 为人与自然、科学界和社会各界之间促进紧密的衔接作用，从而促使可持续性的发展得到保障，作出贡献。

• 协助尽快改善贫穷落后地区的现状，以实现"千禧年发展目标"（MDG）。

Ayadi 也说，在 2005 年联合国的国家首脑会议评估 MDG 时，又通过了另一个宣言，认为联合国大会应该和全世界的工程师、政治家沟通，为应对全球面临的挑战发挥作用。工程师们，这是你们的骄傲！！！

我认同他们的看法。我坚信工程师是能在消除贫穷和可持续发展方面作出很大的贡献。在这通信发达、科技先进、全球化的时代，工程师可以立足本国服务世界，比如你可以在本国，为非洲的贫穷落后国家设计一套可负担的平民屋，比如你可以将发展国内贫困地区基础设施的成功经验与他们分享，你也可以在本地生产经济实惠的机电设备，为贫穷落后国家的偏远地区净化饮水和供应电源。我的泰国好友 Chitrlilavivat 工程院士利用太阳能，成功地为泰国偏远地区贫苦农民解决了饮水、灌溉和供电问题。

我诚恳地希望，当你们在做选择时，请你们为世界消除贫穷、为世界的可持续发展多给一点点的考虑。

选择行业或事业发展的领域是人生的一件大事，我还是要劝各位，多方面地向师长、行家及专家学者们，多多地询问和请教，自己也要多关注国家的发展政策和方向及国内外的经济发展趋势，这将对你在选择行业时会有很大的帮助。

选择最适合自己的出路

挑选有出路、有远景的行业/领域难，挑选一个适合于自己的行业也不太容易。

许多人，看见别人成功发明创造，自己也想成为发明家，看见别人成了企业大亨，自己也想做生意，这种跟风是要不得的。因为每一个人有不同的兴趣、不同的先天特质、不同的资质、不同的人生经历、不同的性格、不同的人生观、不同的道德观、不同的能力……，机缘也不一定一样，所以一个人的成功之路可能是另一个人的失败之途。说到跟风，我有一位同学和一位子公司的合伙人看到我在企业上的成功，我的同学就学我经营建筑工程，结果到处欠债，现已年过花甲，还在生意上苦苦挣扎，那位合伙人则学我掌控上市公司，结果是公司破产，身败名裂。

在选择一个适合于自己事业发展的行业时，重要的是先要了解自己的性格和先天特质是否适宜，因为性格和先天特质是与生俱来的，不容易改变，而兴趣是可以培养的，其他的，如：能力、经验、经历、道德观等等则可以通过教育、再教育、学习和工作上的培养和修炼取得的。

经过多年的观察和经验的累积，我发现成功的创新者或发明家、专家和企业家都具有独特的先天和后天培养的特质，现列于表1～表3以供参考，希望能让你更了解自己，对你在选择发展之路时有所帮助。

创新者/发明家的主要特质　　　　　　　　　　　表1

先　天	先天＋后天	后　天
IQ≥普通水平	勤勉	拥有丰富的资源
好奇/好询问	横向思维	接触面/见闻广阔
富有想象力	勇于尝试	分析力强
冒险精神	富有联想力	专门知识
好学	自动自发	知识渊博＋经验丰富
有恒心	全心投入	兴趣广泛
喜爱挑战	勇于接受挑战	运气（准备＋机缘）
敏锐观察力	乐意与人分享	
	能自主学习新东西	

工程/科技专家的主要特质　　　　　　　　　　　表2

先　天	先天＋后天	后　天
IQ≥普通水平	勤勉	专门知识
富有想象力	终生学习的习惯	经验丰富
好学	自动自发	
	不断追求卓越	
	能自主学习新东西	

工商企业家的主要特质　　　　　　　　　　　表3

先　天	先天＋后天	后　天
IQ≥普通水平	EQ≥普通水平	诚实与可信赖
冒险精神	领导能力	拥有丰富的资源
有恒心	有远见	接触面/见闻广阔
喜爱挑战	灵活的经商头脑	知识渊博＋经验丰富
敏锐观察力	良好沟通能力	兴趣广泛
	勤勉	运气（准备＋机缘）
	勇于尝试	
	自动自发	
	全心投入	
	勇于接受挑战	
	乐意与人分享	
	愿意与他人合作	
	能自主学习新东西	

注：先天：先天特质是与生俱来的；
　　先天＋后天：先天特质但需获得教育/外在因素的提升；
　　后天：后天获取的特质。

从上表所示，并不是所有的人都能具有创新者或工程科技专家或企业家的特质，更很少有人能集所有的特质于一身，因此在挑选一个要作为事业发展的行业时，只要选一个是你具有最多特质的就可以。我是比较幸运的人，能同时拥有从事创新者、科技专家和企业家的特质，但这也是我的不幸，因为不能集中精力，所以不能成为大发明家、大专家、大富豪，我虽无大成，但我无怨无悔，因为我觉得我这一生过得充实，过得有意义，夫复何求？

小结

了解了出路（知彼），了解了自己（知己），作个正确的选择，尽早定位，相信创新，坚持修身，加上一点运气，你必能在人生旅途上走向一条光明大道（百战百胜）。

4 总结

人生七十古来稀，就算能活多五年十年，你们也度过了四分之一的人生，是应该给自己定位的时候了。希望我今天的讲话能在你们人生的旅途上起到稍许的作用。

更希望你们能坚信修身的重要，奉行四维八德作为立身处世的准则；持续不断地自我教育、自我革新、自主创新，让自己找到一条事业发展的成功道路，让自己成为一个对社会、对国家、对全世界人民有贡献的好工程师。

谢谢各位。

7
科技创新讲座

2008 年 3 月 18 日在中国南京理工大学专题讲演

提要： 由于全球化所带来的激烈竞争，科技发展日新月异，科技创新对一个民族、对一个国家的发展和兴旺，有着极其重要的关系。这次的报告将会简单地介绍为何一些国家和企业能独领风骚；并谈谈科技创新对马来西亚和中国的重要性。报告会介绍一些个人创新的小故事，希望通过这些创新的心路历程，能对年轻的同学们带来一些启发。

1 浅谈科技创新（STI）的重要性

前言

由于全球化所带来的激烈竞争，科技发展日新月异，科技创新对一个民族、对一个国家的发展和兴旺，有着极其重要的关系。请看以下的几个例子：

（1）美国之所以能够在经济上独领风骚多年而居高不下，靠的就是科技创新。根据一项统计，3/4 美国上市公司的市场总值，都是由无形的知识产业（intangible assets）所组成。

（2）北欧各国如瑞典和芬兰，人均收入居世界之首，靠的也是科技创新。

（3）日本的丰田（TOYOTA）即将取代美国的通用汽车公司（General Motor），成为世界最大汽车生产商，靠的当然也是不断的科研创新。

（4）中国经济强大的崛起，科技创新也肯定是一个重要的因素，其幕后功臣邓小平和胡锦涛都是深信科技创新的人。邓小平主张"科技是第一生产力、第一竞争力";而胡锦涛也认为:"自主创新是国家竞争力的核心力量"。

(5)根据权威性经济杂志《经济学人》(The Economist)的报道,科技创新已取代了土地、能源和原料,成为最重要的资源。

马来西亚的未来

马来西亚曾是锡米王国、橡胶王国。然而,马来西亚的锡米已经走进了历史;橡胶王国的地位也已经被泰国所取代。另一方面,中国云南的产胶量也已超越了马来西亚。目前马来西亚的两大经济支柱是石油与天然气和棕油业。但是,这样的优势也将难以维持下去,因为邻国印尼将取代马来西亚成为棕油最大生产国;到了2015年左右,马来西亚也将变为石油净输入国。

至于传统低智能的制造业、低劳力和低土地成本的行业,马来西亚已不能跟中国、印度竞争,也难于跟新兴国家如越南、巴西等国竞争。假如马来西亚的经济产业再不转型,它将无法与人争一席之地。然而要转型,就得靠科技创新。

我常告诉马来西亚的大学生说:"当你们踏入社会时,也就是马来西亚经济急需转型的时候,你们应该提高对科技创新重要性的认知和认识,并提升对科技创新的兴趣。"

科技创新人才

胡锦涛主席曾说:"如今,国与国之间的激烈竞争,已演变成吸纳人才的竞争。"他也说过:"中国经济成长动力的演变,是从20世纪80年代的低成本劳动力,演变到90年代的低成本资本,而21世纪则进入了低成本的知识产权时代。"胡主席也一再强调:"在21世纪,国家发展成功之道,在于积极培育更多科技创新人才,以便有效地利用国家资源,提升竞争力。"

从胡锦涛主席的讲话看来,其实你们中国也正面临着急速的经济转型。

青壮年出科技创新

根据统计，绝大部分取得科技创新或发明专利的人的年龄，是在25～35岁之间。创新者或发明家，一般都在年幼或年少时，对科技创新产生了极大兴趣。因此，培育及灌输创造及创新的思考模式，必须从年少时代开始。

我在工程上的一些创新和发明，也是发生在35岁左右。我能有这些创新和发明，如快速深基础贯入仪（IFP）、三角桩（Tripile）和阶形钻孔灌注桩（Stepped Bored Pile）等，主要也是因为在年少时，对科技创新有着极大的兴趣。

2 几个创新小故事

基于科技创新对未来发展的重要性，和科技出少年的理念，以下我将为同学们讲讲我的一些创新和发明的心路历程。希望这些创新的例子，能给同学们带来一定的启发，更希望同学们能成为未来的科技创新人才，为世界、为国家、为人民、为社会作出贡献。

（1）快速深基础贯入仪 Instantaneous Foundation Penetrometer（IFP）

发明快速深基础贯入仪（IFP）的缘由

目前，普遍用来承载建筑物的基桩有两大类，（一）是钻孔或挖孔现场灌注桩，如：钻孔灌注桩、长方形桩或条形桩、微型桩或树根桩；（二）是打入桩，如：钢筋混凝土桩、钢桩、旋制钢筋混凝土圆筒桩、木桩等。

然而在20世纪70年代初，除了西欧、美国、日本、中国香港和新加坡，其他世界各国一般上是使用打入桩。就算是日本、中国香港和新加坡，也不是很普遍应用钻孔或挖孔现场灌注桩。

20世纪70年代中期，我进入深基桩行业时，在马来西亚，只有三座建筑物是由钻孔灌注桩承载。当时，利用岩土勘察所取得的数据与资料，作为测算钻孔灌注桩的承载力及其桩长，在许多种类的岩土层里已经相当地准确；然而，由于一般的岩土勘察，不实际也不经济覆盖所有桩的位置，加上一般岩土的软硬层，起伏不均，因此在现场施工时，每根桩的长深度还是要靠有多年经验的督工或工程师在现场确定。

记得在我加入深基桩行业后，被派往新加坡的公司总行受训时，我曾问总行的董事长兼总工程师：要如何在现场确定钻孔灌注桩的长深度？他指着一位年近五旬的督工和一位老工程师说：当你在钻孔灌注桩工程现场工作多年后，到了像他们这个年纪时，你自然就能准确地确定桩的长深度。之后，我到施工现场去视察，发现那位督工和老工程师，在现场确定桩的长深度时，并没有一套科学的确定方法，他们主要是靠以往类似施工的经验，所得出的一种感觉，来决定桩长。

那时我才二十多岁，我不想要工作十多二十年后，才有把握能在施工现场，准确地确定桩的长深度，所以我当时就想找出一种确定钻孔灌注桩长深度的科学方法。

在 20 世纪 70 年代末，我到英国的伦敦，参加了由英国土木工程院举办的世界岩土桩基工程大会，有缘结识到了一些欧美的钻孔灌注桩专家。我问这些专家：他们如何在现场确定钻孔灌注桩的长深度？让我非常吃惊的是，他们也没有一套科学的确定方法。这更进一步地让我坚定了，要找出一种科学的确定方法的想法。

这也就是我发明快速深基础贯入仪（IFP）的缘由。

快速深基础贯入仪（IFP）的理念

从英国回来后，我曾向我服务的基桩工程公司建议，研究开发快速深基础贯入仪（IFP）的概念，可惜的是没法取得公司最高领导层的认同。

到了 20 世纪 80 年代初，我自创基桩工程公司，才将研发 IFP 的工作落实。

IFP 是结合了两种通用的测试仪操作概念，从而形成了一种全新的快速深基础贯入测试仪。这两种通用的测试仪：（一）是普遍用来快速测试混凝土结构硬度的手压式硬度测试仪；（二）是普遍用来勘察岩土层的荷兰锥（Dutch Cone）贯入仪。荷兰锥，它是一个底面积为 $10cm^2$，锥头之夹角为 $60°$ 及贯入速率约 $1\sim2cm/s$ 的锥头。

请参阅图 1：快速深基础贯入仪（IFP）的组成。

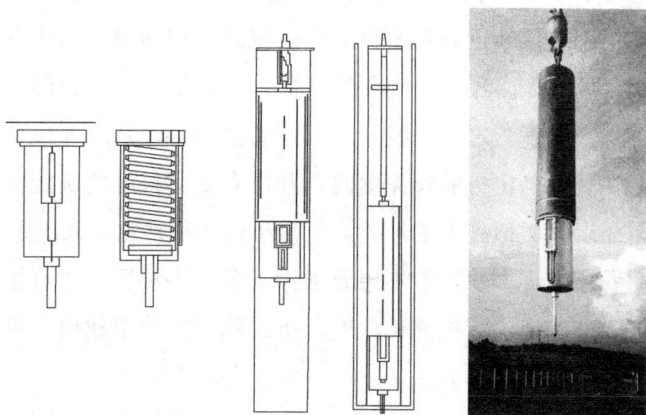

图 1　快速深基础贯入仪（IFP）的组成

我选择荷兰锥作为 IFP 的贯入锥，主要是用荷兰锥测试岩土已有相当长久的历史，许多专家们共认，其所取得的数据，对多种类的岩土，能提供精确的基桩设计参数。

快速深基础贯入仪（IFP）的功能

IFP 除了能用在钻孔或挖孔现场灌注桩之外，它也适合于测试以下岩土工程的开挖：

- 地下墙，如连续壁（地下连续墙）。
- 河底工程。
- 海床工程。

• 深水码头工程等。

自从发明了 IFP，并在多国取得了 15 年的专利权后，加上 IFP 能在现场快速测试地底和水底岩土层软强度性质的优势，这大大地协助了我公司，在 20 世纪八九十年代时，争取到新、马、泰及中国香港等各地，多项深基桩的大工程，如，60 亿元新币的新加坡 Sunteck City 基桩工程；也协助了我公司，在马来西亚登嘉楼州 Tanjong Berhala 深水码头工程及新加坡海底电缆隧道工程进行海床开挖时，能有更好的掌控。

（请参阅附件：快速深基础贯入仪 IFP 的简介（英文））

（2）三角桩 Tripile

发明三角桩的缘由

在 20 世纪 80 年代前，马来西亚绝大部分低层（五层以下）建筑物的地基，是用浅基础和木桩。普遍使用的木桩是 Bakau pile 和 Tanalised timber pile。

Bakau pile 是一种生长在沿海沼泽地带的咸水木（图 2）。每根桩长 6m，桩身直径不少于 150mm，其安全使用单桩载荷为 5t。这种桩植入土后，必须有地下水不断地全面淹盖着，不然会很快地腐烂掉，加上它不能穿透太硬的岩土层，所以只适合用于高水位的冲积土层。它的桩接头薄弱，因此桩深不能超过 12m。

图 2　**Bakau pile 是一种生长在沿海沼泽地带的咸水木**

制作 Tanalized timber pile 的木料是用我国热带雨林的硬木（图 3），如：Kempas, Keruing 和 Meranti。每根桩长 6m，通用的桩横截面为 150mm×150mm 和 125mm×125mm，其安全使用单桩载荷分别为 15t 与 20t。这种桩是经过高压防腐处理，植入土中后，不需要有地下水掩盖。它的桩接头比 Bakau pile 稍强，因此桩深可达至 24m。与 Bakau pile 一样，它也不适用于太硬的岩土层。

Bakau pile 和 Tanalized timber pile，这两种桩的底面积小，因而其承载能力主要是靠桩侧阻力。

到了 20 世纪 80 年代，Bakau 树林经过多年毫无节制的砍伐，能作为 Bakau 桩木的供应量越来越少，因此 Bakau pile 的价格也变得越来越贵，一些不负责任的建筑商，采用了不合格新树制成的 Bakau pile，也造成了后期一些工程事故。

图 3 Tanalized Timber Pile 的制作材料——生长在马来西亚热带雨林的硬木

20 世纪 80 年代初，刚上任的我国第四任总理马哈蒂尔医生，他大刀阔斧，改革经济，引进外资，造成了我国建筑业蓬勃发展，因此导致了各类建筑材料需求大幅度的增加，木建材包括木桩的价格也随着上涨。同时，中国香港和台湾地区以及新加坡、韩国、日本也大事建设，对我国热带硬木建材的需求量激增，这更促使我国木建材的价格更加高涨。

在 80 年代前，除了木桩，我国其他通用的深基桩有：钢筋混凝土预制桩、钢桩、旋制钢筋混凝土圆筒桩、荷兰 Franki 桩、由 Vibro 桩改革的 Positive 桩、火车铁轨桩及钻孔或挖孔现场灌注桩（图 4）。而这些桩的单桩载荷都是 40t 或以上，因此这些桩作为低层建筑物基桩的设计，往往不经济实惠。

基于木桩短缺和昂贵，加上木桩和其他通用桩的单桩载荷之间，从 20～40t 有个空档，这促使我想发明一种新的桩，来取代木桩和填补那 20～40t 的空档。

钢筋混凝土桩　　　　钢桩　　　旋制钢筋混凝土圆筒桩

荷兰Franki桩和其制作过程　　　挖孔现场灌注桩的制作过程

图 4　一些深基础桩的例子

发明三角桩的理念

因为要取代木桩和填补 20～40t 的空档及能与其他类型的桩竞争，要发明一种新的桩，它必须具备以下的条件：

① 本地也必须容易获取所需的材料，并且价格便宜。

② 制造过程能更省时省钱。

③ 打桩能更简易和不费时。

④ 因为木桩和其他小型的桩，其承载力主要是靠桩侧阻力，这种新型的桩必须能有更好的桩侧阻力。

我选择钢筋混凝土作为三角桩的建材，主要是因为我国有丰富并且价格低廉的混凝土原料。

选择三角形作为三角桩的形状，却是非常的偶然。在 20 世纪 80 年代中的某一天，我在一个基桩工程场地监督试桩，肚子饿了，就到附近的商店买零食，我买了几条瑞士三角巧克力（TOBLERONE）。回到场地的办事处，我边吃边把玩着那几条瑞士三角巧克力，突然灵光一闪，为何不把桩形定为三角形？相同的面积，三角形的周长比正方形和圆形长（图5），那么，三角桩的桩侧阻力自然会比正方形和圆形桩大，因此，在相同的岩土层里，三角桩的桩长也肯定会比正方形和圆形桩短，那不是省钱了吗？

相同面积 l^2

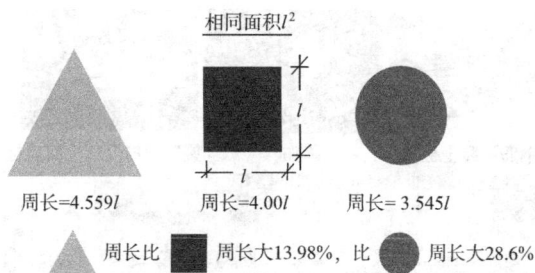

周长=4.559l 周长=4.00l 周长= 3.545l

周长比 周长大13.98%，比 周长大28.6%

图 5 相同的面积：三角形的周长比正方形和圆形长

我同时也发现，制造不同大小的正方形桩和圆形桩，需要不同大小的模具，而一个三角模具则可制出不同大小的三角桩（图 6），这也符合了制桩时，更省事省钱的条件。

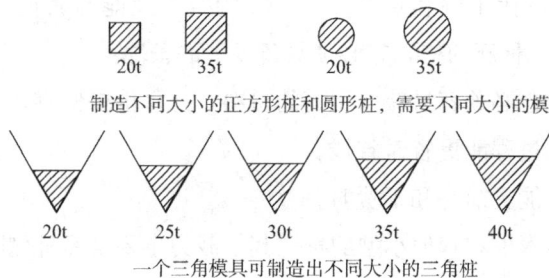

20t 35t 20t 35t

制造不同大小的正方形桩和圆形桩，需要不同大小的模

20t 25t 30t 35t 40t

一个三角模具可制造出不同大小的三角桩

图 6

由于我在把玩着那几条瑞士三角巧克力，更让我发现到堆叠三角形长条相对的简洁和紧凑，因此堆叠和运载三角桩也绝不是问题（图 7）。

图 7 堆叠起来的瑞士三角巧克力

三角桩的长处及用途

以下是三角桩（图 8）的主要长处：

三角桩的制成品　　　　　　　三角桩打桩机

图 8　三角桩

① 以桩侧阻力作为主要桩承载力的地质，与正方形桩和圆形桩相比，三角桩能大约省下 12.68％和 27.16％的桩材料。

② 能随时不多费一分钱和不浪费一分钟，改换制造不同大小的三角桩。而且三角桩桩型的大小可以以 1t 的单位增减，不像四方形桩和圆形桩，由于受到桩模型的局限，其大小的单位增减是 20～30t。大家都知道，能以小单位增减桩的大小，这更能合乎工程的要求及更经济的基桩设计。

③ 加上我们特别设计的三角桩衔接头，Cantilever Bolted Joint（图 9），更加快了打桩的速度。

④ 三角桩填补了 20～40t 的空档。

三角桩除了用于支撑低层及中高层的建筑物之外，也广泛地用于土木工程

图 9　三角桩衔接头

的建设，如：桩承路堤、油库等（图10）。到了1992年，我做了一次测算，发现把我公司打入土的三角桩桩长加起来的总和，它可以环绕地球一周。三角桩也在英国和印度尼西亚以别的名称，广泛采用。

图10　可应用三角桩的土木工程建设

（3）阶形钻孔灌注桩（Stepped Bored Pile）

发明阶形钻孔灌注桩的缘由

在20世纪70年代中至80年代初那几年里，我曾经为我国工程界，解决了几项非常棘手的岩土基桩工程难题，如：

① 在1976年，我想出了一种创新的打桩方法，为吉隆坡香港汇丰银行大厦（图11）工程项目，将重钢板桩打入强硬稠密的砂岩风化土，作为地下室的护壁墙；

② 在1978年，我创造了上半部没有桩侧摩擦力的钻孔灌注桩，作为植于斜坡上硬土层的桩，这是为了减免桩对斜坡稳定性的影响（图12）；

③ 在1981年，用一种创新的工程设计和施工方法，只花了短短的四个月时间，完成了吉隆坡大地宏图大厦（图13）8000万元人民币的岩土桩基工程；等等。

图 11　吉隆坡香港汇丰银行大厦

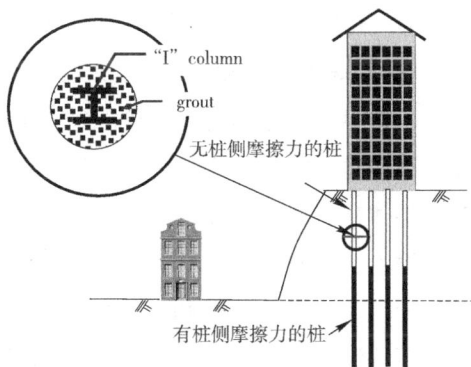

图 12　上半部没有桩侧摩擦力的钻孔灌注桩

这跟我发明阶形钻孔灌注桩有着一定的关系。这是因为许多工程顾问公司，当碰上棘手的岩土基桩工程难题时，一般都会找我相商。

大约在 1986～1987 年间，马来西亚一家大型的工程顾问公司，该公司的 Paul Brudy 总工程师约我到他的办公室，要我帮他解决一家五星级酒店（图 14）深基桩设计项目的难题。

图 13　吉隆坡大地宏图大厦

图 14　吉隆坡御苑大酒店

这家五星级酒店是坐落在吉隆坡市中心，其地下的岩土层是一层深厚高度风化的肯尼山岩层，肯尼山岩层主要是由砂岩、片岩和页岩混合组成的。在这种特殊的地质里，以单桩承载力计算，桩长不需太深，但以群桩测算和要符合整体建筑物沉降的特定水平，桩长必需加深很多。

Paul Brudy 碰到的问题是：此岩土基桩工程项目的设计工程师，在设计该建筑物深基桩时，只考虑到单桩承载力和群桩的效应，而忽略了整体建筑物的沉降，又以此设计作了深基桩工程费的预测报价，并上报给了其业主。

为了不让业主对其顾问公司失去信心，Paul Brudy 要我帮他设计一个新的深基桩工程方案，该方案需能符合整体建筑物沉降的特定水平，并且工程费不能超过原有的预测报价。

这是天大的难题！这是极度的挑战！但这也让我发明了阶形钻孔灌注桩。

阶形钻孔灌注桩简介

（1）阶形钻孔灌注桩的设计原理是：从桩头至桩底，由于有桩侧阻力的关系，越往下的桩身，其载荷会越来越小，阶形钻孔灌注桩的设计原理就是将减小载荷的桩身缩小其桩直径。

（2）在相当均质且硬至坚硬的岩土层里，如肯尼山岩层，一阶级或多阶级的桩（图 15）有以下的优势：

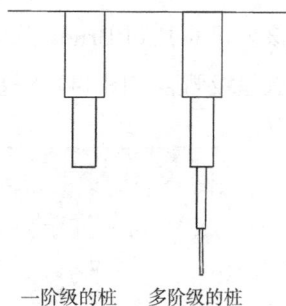

一阶级的桩　　多阶级的桩

图 15　阶形钻孔灌注桩

- 节省桩的用材
- 减低群桩和整体建筑物的沉降

（3）阶形钻孔灌注桩的演算

① 桩的承载力组成

设：

Q——桩顶的轴向载荷；

q_f——单位面积桩侧摩阻力；

q_b——直身桩的单位面积桩端阻力；

q_b'——阶形桩的单位面积桩端阻力；

Q_f——直身桩的总桩侧摩阻力（$\sum q_f$）；

Q_f'——阶形桩的总桩侧摩阻力（$\sum q_f$）；

Q_b——直身桩的总桩端阻力。

直身桩，$Q = Q_f + Q_b$

阶形桩，$Q = Q_f' + Q_b'$

② 计算一阶级桩节省用材及加深桩长
的通用方程

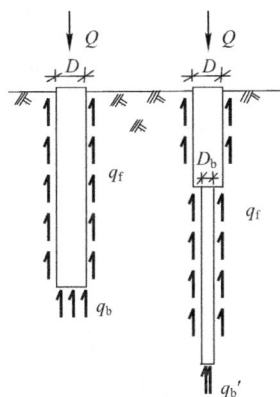

图 16　桩的承载力组成

在测算桩的用料和桩长加深时，我们没
有考虑桩端的阻力，这是因为在这种地质里，直身桩的安全使用桩端
阻力和阶形桩相比是没多大差别。

虽然阶形桩的桩端面积小于直身桩，但其安全使用总桩端阻力却
没有多大差别，主要的原因是：

• 阶形桩的桩底比较深，因此其桩底岩土的单位面积桩端阻力比
较强；

• 桩端阻力的安全使用系数是与桩直径成反比，所以阶形桩的桩
端阻力安全系数自然是比较小。

（ⅰ）计算桩长的加深

设：

Q_f——桩侧土总摩阻力；

D——直身桩直径；

D_b——阶形桩直径；

L——直身桩桩长；

L_a——阶形桩直径 D 的桩长；

L_b——阶形桩直径 D_b 的桩长；

V_1——直身桩的体积；

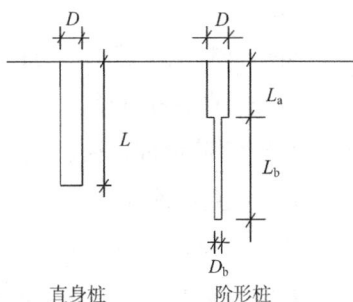

图 17

V_2——阶形桩的体积；

q_f——单位面积桩侧摩阻力。

设 $L_a = xL$，$D_b = yD$

$Q_f = \pi D L q_f$

$$L_b = \frac{Q_f - \pi D L_a q_f}{\pi D_b q_f}$$

$$= \frac{\pi D L q_f - \pi D L_a q_f}{\pi D_b q_f}$$

$$= \frac{DL - DL_a}{D_b}$$

$$= \frac{DL - xDL}{yD}$$

$$= \frac{(1-x)}{y} L$$

所以 $\dfrac{L_a + L_b}{L} = \dfrac{xL + \left[(1-x)/y \right] L}{L}$

$$= x + \frac{(1-x)}{y}$$

（ⅱ）计算桩体体积的减少

设：

Q_f——桩侧土总摩阻力；

D——直身桩直径；

D_b——阶形桩直径；

L——直身桩桩长；

L_a——阶形桩直径 D 的桩长；

L_b——阶形桩直径 D_b 的桩长；

V_1——直身桩的体积；

V_2——阶形桩的体积；

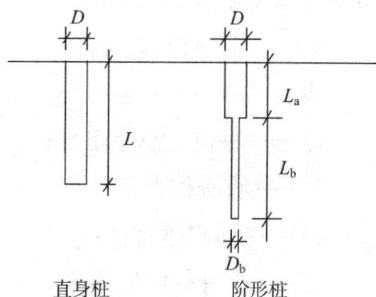

直身桩   阶形桩

图 18

q_f——单位面积桩侧摩阻力。

$$V_1 = \frac{\pi D^2 L}{4}$$

$$V_2 = \frac{\pi D^2 L_a}{4} + \frac{\pi D_b^2 L_b}{4}$$

$$= \frac{\pi D^2 x L_a}{4} + \left[\frac{\pi (yD)^2}{4}\right] \cdot \left[\frac{(1-x)}{y}\right] L$$

$$= \frac{\pi D^2 L}{4}\left[x + \frac{y^2 (1-x)}{y}\right]$$

$$= \frac{\pi D^2 L}{4}\left[x + y - xy\right]$$

所以 $\dfrac{V_2}{V_1} = x + y - xy$

假如 $x=1/2$，$y=1/2$，桩长将加深 50%，而桩的体积，也就是桩用料，还会减少 25%。

③ 下面图表显示了不同的 x 值和 y 值，一阶级桩的节省用材及桩长加深。

	$x=$	0.3	0.4	0.5	0.6	0.7
	0.3	2.63	2.40	2.17	1.93	1.70
		49%	42%	35%	28%	21%
	0.4	2.05	1.90	1.75	1.60	1.45
		42%	36%	30%	24%	18%
	0.5	1.70	1.60	1.50	1.40	1.30
		35%	30%	25%	20%	15%
$y=$	0.6	1.47	1.40	1.33	1.27	1.20
		28%	24%	20%	16%	12%
	0.7	1.30	1.26	1.21	1.17	1.13
		21%	18%	15%	12%	9%

④ 假如阶形桩是多阶级的或者要考虑桩端阻力，你可以利用上述的测算法，但需修改以上的通用方程式。

附件：快速深基础贯入仪 IFP 的简介

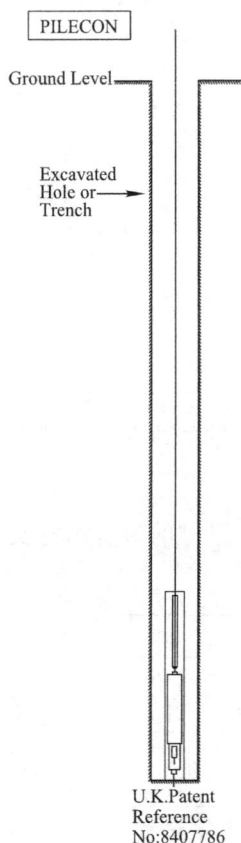

| PILECON |

Ground Level

Excavated Hole or Trench →

U.K.Patent
Reference
No:8407786

Pilecon Engineering Sdn Bhd 26，
Jalan Overseas Union，OUG，5th
Mile，Old Klang Road，Kuala
Lumpur，MALAYSIA.
Tel：725055，725350
Telex：PILCON MA 37107

IFP PENETROMETER

a device invented and patented by
Pilecon for testing the strength of
the ground at the foot of a bored pile
hole，deep trench，footing or raft.

**THE IFP PENETROMETER
TAKES DOUBTS OUT OF
FOUNDATION CONSTRUCTION.**

Why IFP Penetrometer?

In foundation design, we typically use soil data from a number of boreholes. The number of bore logs is usually limited. We often have to interpolate soil data between boreholes. However, unless the soil strata are uniform, linear or homogenous, the interpolated value may differ significantly from the actual value in the ground. Hence, there is often considerable doubt concerning the founding depths of the foundation.

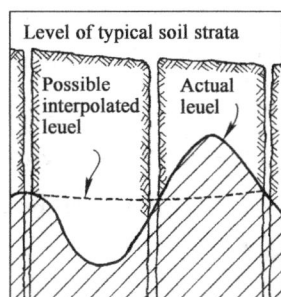

Level of typical soil strata — Possible interpolated leuel / Actual leuel

The IFP Penetrometer can be used to minimise such doubts by testing the ground in between site investigation boreholes during construction.

Uses of the IFP Penetrometer

The IFP Penetrometer may be used for testing soils: —

* at various depths in bored pile holes
* at various depths in the trenches for diaphragm walls
* on which footings and rafts are constructed
* in the sea bed on which gravity structures are supported

In bored pile or diaphragm wall construction, the soil at various depths of the excavated holes can be tested by the IFP Penetrometer. The test can be carried out very quickly. It requires only a few minutes for a test. Therefore, many tests can be performed for each excavated hole. If the ground is not suitable for founding, excavation can proceed further and the ground can be tested again. This process can be repeated until the founding depth has been reached.

Versatility of the IFP Penetrometer

The IFP Penetrometer can be used under a variety of conditions:

∗ inaccessible locations such as the bottom of bored pile holes where visual inspection is not practical

∗ under-water for testing of sea beds or the bottom of wet boreholes

∗ all types of grounds from very weak ground to very hard rock

∗ even where the ground is highly variable in both the horizontal and vertical planes

Correlation with other tests

The data obtained from the IFP Penetrometer tests can be correlated with data from static pile load tests. It can also be correlated with data from other in-situ tests such as SPT, Static Cone Test and Pressuremeter Test. For example, the correlation for a residual soil is shown below.

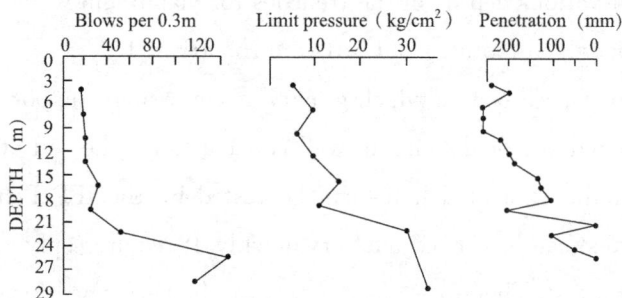

8

毕业了！何去何从？

2010 年 6 月 2 日在中国南京理工大学专题讲演

同学们：

2007/2008 年美国的次贷危机，引发了世界金融大风暴，造成了全球性的经济低迷，导致了许多国家失业率高涨，社会不稳定。

2009 年是面对金融大风暴最严峻的时刻。在中国，据说有过百万的大学生找不到工作。我原本想，和 2009 年即将毕业的同学们谈谈：政经和社会不稳、恶性疾病横流、人祸天灾源源不断、自然环境不断恶化的这个大时代，毕业后，应该如何面对，这重重的困难和挑战？如何策划未来？如何为自己寻找一条好的出路，适合于自己的发展，和为国家及社会做出一份贡献。

同学们，

前两年一些有能力的国家，在金融风暴发生后，不惜投入大量资金挽救市场，使得目前的世界经济，已渐渐开始复苏；并且带动了一些国家的工商业和经济发展，渐渐转入佳境。

然而，经济的不稳定因素，还是存在的；疾病、人祸、天灾和自然环境，也有进一步恶化的迹象。因此我认为，去年我为同学们准备的讲稿，除了因为这一年来一些事态的演变，做了一些补充和调整之外，还是适合和大家谈谈。

同学们，

你们有些即将踏出校门，面临着多种不利的因素、不稳定的大时代；离开，应该说是，无忧无虑的学府生活，马上就要进入复杂、竞争激烈、而且可能又是陌生的社会工作。我想：许多同学们的心里，会有或多或少的不安，对自己的前途，也可能会感到彷徨或者渺茫，不知道要"何去何从"？

让我先和各位谈谈，这次的金融风暴，造成全球经济低迷的起因和影响，全球的政经格局，将会有什么重大的变革？

能够理解这次风暴的因果、世界格局的变革，同学们可以更好地应对即将面临的挑战，策划未来。在有生之年，你可能再次碰上类似的经济风暴——而且可能是不止一次，希望这也能够让你从容应对，化险为夷。

1　金融风暴

近 80 多年来，由金融风暴所引发的经济危机，发生了 3 次。它们有一个共同点，那都是由美国人引爆的。

这次引发风暴和危机的导因和根源是：

• 人性的贪婪，导致追求利益最大化的盲目借贷和投资，是引爆金融风波的主要根源；

• 过度经济自由化的迷思、缺乏恰当的监管，衍生了许多不规范的借贷和投资金融产品，促成了疯狂的借贷和投资炒作，导致经济泡沫化的形成；

• 国家不自量力地追求快速发展，造成国库空虚，债台高筑，国家财政无法负荷，以及人民过度消费、依靠借贷超前消费，更激化了经济的泡沫化；

• 盲目地追求高度生产成长，对需求过于乐观，造成产能过剩，也造成重要物质资源严重短缺，导致了全球经济极端不稳定，加速了经济风波的全球化；

• 美国霸权主义和美元的独霸地位，以及极端宗教主义和民族主义的抬头，造成了世界政经格局的动荡不安，更深化了这次危机的蔓延，延缓了全球经济复苏的速度。

这次金融风暴，它的影响力和杀伤力之大，是前所未有的。全球各地，几乎没有一个国家可以幸免，或者能够不被波及。因此，将这次金融危机，形容为百年一遇的金融大海啸，会更加贴切。

1929 年的世界性经济大萧条，影响层面辽阔，到了 1933 年，世界经济才开始复苏。然而，由于：

* 当时国与国之间的资金和贸易流通，还没有像今天这样的庞大规模；
* 各国的金融操作系统也没有这么连贯结合；
* 世界人口也没有今天这么多；
* 当时的能源和重要矿物资源蕴藏量还非常丰富。

因此，与这次的经济风暴相比，1929 年的经济大萧条，对全球各层面的深远影响，是相对的小。

1997 年的亚洲金融风暴，是美国一些对冲基金，看到了亚洲一些新兴发展中国家，经济和金融体制的弱点，对这些国家的货币和股市进行突击。

1997 年的金融风暴：

* 受影响的只局限在亚洲的几个国家；
* 世界上其他国家并没有被波及；
* 西方各国经济基本面强稳；
* 国际来往贸易没有受到什么影响；
* 世界的总产值也保持稳健的增长。

所以，受这次金融风暴创伤的经济体，很快地就复苏了。

这次金融大海啸，其影响层面之广，杀伤力之强，跟上两次相比，却有着非常大的不同点：

第一点是：

* 美元从 1792 年，成为美国 13 州的通用货币后，经过了 217 年的演变和发展，尤其是在 1944 年，美元成了世界各国的储备货币，之后，美元一路来，牢牢地占据了国际货币体系中的霸主地位。

• 美元的霸主地位，造就了美元成为独一无二，全球通行的贸易结算和债务清算货币。

• 美国的经济，包括贸易、投资、金融和股票市场，高度的自由化，投资和经商环境相对稳定，不断地吸进大量的外资。

• 美国数十年来惯性使用向别的国家举债，以支撑它的高额财政赤字。目前美国外债高筑，截至 2009 年 4 月 12 日，它的国债高达 11.178 万亿（兆）美元，已超过其去年 3/4 的国民生产总值。其中向国外借贷的外债，占据了总国债的 75%。

• 自 19 世纪末至今，美国是世界第一大经济体。就算是近期遭受到金融大海啸的冲击，根据美国 CIA 的数据，2008 年和 2009 年，美国的国民生产总值，还是占了全球的 23% 和 25%；美国 2009 年的国民生产总值，与欧盟区各国的总和相比，只少了 11%，大过第二大经济体的日本 2.8 倍，第三大经济体的中国 3 倍。

• 至今，美国还是世界上最大的贸易进口国、科技与军事力量和创新能力最强的国家。

这一切，导致了全球各国，不管是大是小、是强是弱、愿意不愿意，或多或少，都会和美国的经济，直接或者是间接的，有着难以分割的关系。尤其是美元，在短期内，我们还是没有办法和它切割。虽然大家都知道，由美元继续垄断和操控，并非是长远之计，但在目前或者是不久的将来，还没有一个国家的货币能够取代美元。

因此，在这次金融风暴中，假如美国的经济，不能够迅速地恢复过来，这将拖累全球的经济复苏；世界上许多国家，尤其是出口导向型的国家，如：中国、日本、德国、韩国、新加坡、马来西亚等国和中国台湾地区，就很难在短期内，摆脱经济萧条的厄运。而且，这些国家的政经和发展策略，如果不迅速地改革和调整的话，它们的经济将会更进一步的恶化，可能需要三五年，或者更长的岁月，才有希望复苏。

第二点是：

• 大家可能都还记得，在 2007 年 7 月前，原油、天然气，主要矿物资源如铜、铁、铝、铅等，甚至于食油、米粮、白糖、面粉、饲料、肥料等，还有土地和房屋，价格不断飞涨。

• 在 2007 年金融风暴前夕，大概是离开今天的四年前，大家还担心物价的飞涨，会造成过度的通货膨胀，使到世界许多国家的经济泡沫化。

• 许多贫穷落后的国家，面对物价的节节上升，人民的生活负担更是日益加重，使得联合国为贫穷落后的第三世界设定的千禧年发展目标落空。

• 2007 年的全球金融海啸，造成原本高涨的物价，迅速滑落。但这并不表示，能源与重要矿物资源短缺的问题，已被解决。这只是需求放缓所造成的假象而已。除非各国，尤其是先进发达国家，愿意更改它们的过度发展、高消费模式，一旦全球经济复苏，物资资源短缺造成的高通胀问题，将会很快的再度降临到我们的头上。

• 过去两年，为了应付这次的金融风暴和经济衰退，各国的央行，争相实行超宽松的货币政策。美国联邦储备局的主席伯南克，选择了凯恩斯学派的做法，猛开钞票印刷机，大量提高美元货币供给，这将为日后的通胀失控，埋下一颗不定时的炸弹。

第三点是：

• 地球升温，气候异常变迁，促使全球自然大灾害频繁发生。近年来，这问题已显得越来越严重。

• 然而，我担心的是，在今后的 3～5 年里，各国的政府忙于挽救经济，忽略了环保的重要性，这将会给我们带来无可弥补的严重后果。

2 世界政经格局的变革

这次经济大海啸，将会促成：世界经济的重组、各国政经影响力版图的重新分配、各国发展方向的调整，以及各国经济制度和监管体制的重大改革。

2.1 世界经济版图的重新划分

美国多年来，维持的世界最大经济体地位，已渐渐地被其他区域的联合经济体取代。它的国际影响力也将渐渐衰退。然而目前还无法看到，有任何国家的经济规模能够取代美国。就算 10～20 年后，中国的国内生产总值能够超越美国，但中国人均生产总值，还是会远远地低于美国。

美元作为主要国际通用货币，近年来，虽然面对一些不满的声音，但目前还没有任何一种货币，能够得到大家的拥戴和认可。

早时候大家看好的欧元，却由于欧盟的 3 个经济大国，英国、法国和德国，同床异梦，英国至今都还没有加入欧元区，加上欧元区有多个经济小国参与，意见难以一致，这拖累了欧元的发展潜能，使欧元很难成为国际的领导货币。虽然，最近也有人提出人民币，作为另一国际替代货币，但我认为，在近期甚至于中期，这是不太可能的。

近年来，中印两国经济的高度成长，带动了亚洲经济的崛起。世界经济，已经渐渐走向亚洲、北美和欧盟三分天下的局面。

这次经济风暴，欧美各国受影响比较大，它们的经济，将需要更长的时间复苏。亚洲各国：

- 受到的影响较小；
- 多个亚洲国家有雄厚的外汇储备金；
- 亚洲人民有积谷防饥、未雨绸缪的储蓄好习惯；

• 亚洲几个经济体，如，中印两国与东盟的新加坡、马来西亚、泰国和印度尼西亚，都是较有经济优势的新兴发展中国家。

因此我相信，亚洲的经济复苏不但会比欧美来得快，投资与发展也会有更大的空间，这将进一步，促成亚洲与美欧三分天下的局面。根据 2009 年全球国民生产总值的数据：北美占 29％，欧盟占 28％，亚洲占 27％，这显示出，世界经济三分天下的局面已渐渐形成。

我认为，刚刚所谈的这几点，肯定会导致：

• 削弱美国经济独霸、美元作为国际货币独尊的地位。国际结算货币和外汇储备金，也将会渐渐地走向多元化。

• 促使世界经济的比重，逐渐地倾向东方的亚洲。

• 各国会更加重视区域经济圈的发展，促成世界经济版图的重新划分。

2.2 金融政策与体制

没有人会想到，美国 2007 年的次贷风波，会席卷全球的金融市场，造成了世界经济大萧条。淋漓尽致显示了西方的金融体制、监管系统的脆弱，也赤裸裸地暴露出，人类追求暴利的极度贪婪之心，唯利是图，忘掉了应有的商业道德和社会责任。

近年来，那些令西方金融大师引以为傲的复杂创新金融产品，顿时显得黯然失色。

这场风暴，将会给世界各国的金融政策与体制，带来相当重大的变革，如：

• 削弱金融交易自由化的趋势；

• 深化金融风险管理的合理化和制度化；

• 加强创新金融产品与交易的监管；

• 加重政府对自由市场的干预；

• 对实体经济与虚拟经济的重要性和可靠性重新评估。

3　政经/宗教/种族等的不断纷争

第二次世界大战至今，政经、宗教、种族等课题，所引起的区域性纷争，或者是国与国之间的纷争，持续不断。由于重要矿物资源的争夺、政治与宗教意识形态的抗争，以及美国在冷战后，所施行的独霸政策，使到近期的纷争，有越演越激烈的趋势。

在以色列和巴勒斯坦国的这片土地上，基于历史因缘，导致了土地、宗教、难民等课题的纷争和纠缠。以巴两国，不时发生流血冲突，战火连绵不断。

近半个世纪来，英美两国明显的偏帮和支持以色列，引起了中东、南亚、中亚，以及其他区域的许多伊斯兰国家，极端不满。这导致了这些区域的局势，三四十年来，持续的动荡不安，更促进了伊斯兰基本教义派的抬头和快速的发展。

中东的伊斯兰基本教义派，在近一二十年来，以圣战为号召，不断鼓动他们的教徒，利用非典型的战争策略，进行恐怖袭击。他们更将伊斯兰基本教义派的意识形态，包括圣战和恐怖主义，传播至南亚、中亚，以及世界各地，导致了近年来恐怖袭击不断地在世界各地发生。

2001年，美国受到"9·11"恐怖袭击，震惊全球。这促使了以英美为主的西方势力，进一步加大了对中东、南亚和中亚局势的掌控和干预。这更加剧了这些区域的局势动荡不安。

近年来，美国在中东、南亚和阿富汗等地的反恐战争，屡屡遭受挫折。2007年的金融大风暴，使得美国和一些亲美的西方国家，自顾不暇，造成它们在这区域的影响力日渐下跌；而伊斯兰基本教义派的政治势力，却相应提升。这促成：

- 各国在这区域的政治影响力，出现新的消长变化；

- 伊斯兰与世俗政权之间的抗争，更趋激烈；

- 区域内的激进势力和极端思想，也向外蔓延和扩张——这不但蔓延至邻近的南亚、中亚、东欧的伊斯兰国家，更扩张至远在东南亚一些众多伊斯兰教徒聚居的国家。

因此，我认为：

- 区域政治势力的变化，加上中东是石油能源的重要产地，必定会促使国际的政经形势产生一定的变化。

- 中东各国，也将会对国家的内政、外交和经济等政策，作出一定的调整和重新定位。

- 世界各国与这区域的国家，原本友好或敌对的关系，也必将会有所改变。

- 也会给一些国家，尤其是需要大量原油供应经济发展的中国，带来新的机遇和挑战。

- 已故的美国哈佛大学著名学者亨廷顿（SAMUEL P. HUNTINGTON）教授，在1996年出版的《文明的冲突与世界秩序的重构》这本书里，曾经预言未来的世界战争和冲突，将是文明的冲突。近期中东及其邻近区域，伊斯兰政体的演变，伊斯兰基本教义派恐怖主义的诞生，印证了亨廷顿文明冲突的预言。

- 除非以基督文明和世俗政权为主导的西方大国，能够摒弃霸权主义、好战和唯我独尊的姿态；而中东等国的伊斯兰基本教义派，也能够改变他们的极端思维、采取中庸之道，以及放弃恐怖袭击作为斗争的战略思维，否则中东及其邻近区域的战争与纷乱，将永无宁日，也将成为世界各地的动乱之源。这将会成为世界和平进步、文明和经济发展的绊脚石。

我着重谈中东区域的局势，并不代表其他区域没有纷争和动乱。这主要是：

- 中东是"世界油库"，它的原油储存量占世界原油储存量的2/3；

- 中东的古文明大国伊朗，是世界原油储存量第三大国，是中东的军事大国，是伊斯兰基本教义派的发源地；但伊朗，却是和以美国为首的西方列强关系不太好的中东国家；

- 伊朗执意开发核原料，而美国又认定伊朗的核威胁，各不相让，弄得双方剑拔弩张，推向战争边缘；

- 一旦美伊战争爆发，必将严重地破坏本来已经紧张的世界原油供应，这将会导致，受金融风暴打击、在复苏中的脆弱世界经济，更是雪上加霜，复苏遥遥无期。

4 世界各国如何应对这次经济危机？

天灾、瘟疫、人祸（我指的人祸是：战争，以及经济、政治和宗教的纷争）不断频繁地发生。可以说：是地球病了！人类病了！

有谁能够，治好这个病？

有谁能够，还我一个蓝天、白云、碧水、青山的绿色世界？

有谁能够，给我一片少灾难、少病痛、和平安乐的净土？

我认为，我深信，我肯定，科技专业人士和工程师，能够扮演一个重要的角色。在座的未来工程师、未来科技人才，假如你们愿意，你们是能够为这个多病的地球、多病的社会，做出一定的贡献。

在我们还没有开始谈，你如何能够协助拯救这个世界？你毕业后，应该何去何从？

先让我们看看，中国总理温家宝如何说，世界各地的其他领导人又怎么说，采取哪些应对策略。

◇ 温家宝总理

2009 年 2 月 2 日，温总理在英国剑桥大学演讲的时候，谈到中国怎样应对这场金融风暴带来的经济危机，他指出：

"一是要扩大内需。中国政府会增加支出，发展农村民生工程、铁路交通等基础设施和生态环保建设，以及地震灾后恢复重建。

二是大范围实施产业调整振兴计划。全面推进产业结构调整和优化升级，制定汽车、钢铁等十个重点产业的调整和振兴规划；采取经济和技术的措施，大力推进节能减排，推进企业兼并重组，提高产业集中度和资源配置效率；鼓励和支持企业广泛应用新技术、新工艺、新设备、新材料，开发适销对路产品。

三是大力推进科技进步和创新。科技是克服金融危机的根本力量。每一场大的危机常常伴随一场新的科技革命；每一次经济的复苏，都离不开技术创新，要加快实施国家中长期科学和技术发展规划，特别是核心电子器件、核能开发利用、高档数控机床等 16 个重大专项，突破一批核心技术和关键共性技术，为中国经济在更高水平上实现可持续发展提供科技支撑。推动发展高新技术产业群，培育新的经济增长点；要依靠科学技术的重大突破，创造新的社会需求，催生新一轮的经济繁荣。

四是大幅度提高社会保障水平，这包括了重点解决高校毕业生和农民工就业问题。"

温总理在评论这次的金融风暴，他说："这场百年一遇的金融危机，留给世人的思考是沉重的。它警示人们，对现行的经济体制和经济理论，应该进行深刻的反思。"他指出："各国应该重视市场监管、平衡虚拟经济与实体经济的发展、同等重视储蓄与消费，以及高度重视企业领导层道德的重要性"。

◇ 美国总统奥巴马，给世界带来了新希望

在上任后，美国总统奥巴马，对伊斯兰世界、宿敌俄罗斯、假想敌中国，释出了一些善意。我诚恳希望，他能够排除国内的保守势力，加把劲，用更包容、更中庸的外交手段，协助安定中东、西亚、中亚和东欧等地的动乱之源。

我也希望，他能兑现和落实总统选举前的诺言，在未来的 10 年内，投资 1500 亿美元，用于清洁能源开发。在 2009 年，他推出的美国汽车行业振兴配套，要汽车公司，将一部分为数不小的救助金，用在电力汽车高新电池的研发。他这种：一方面拯救低迷的市场经济，一方面开发清洁能源，一举两得，连消带打的做法，值得我们赞赏和学习。

奥巴马总统对全球金融风暴的罪魁祸首，尤其是一些违规、缺德的美国金融和企业机构，采取了雷厉风行的行动，如：调查涉嫌隐瞒正确市场信息、误导投资者、购买高风险债务抵押证券的高盛集团（Goldman Sach）。

奥巴马政府在 2009 年 3 月间，推出了广泛的金融改革方案，制定了新的金融监管条例。主要的目的是防止：盲目追求暴利者、利欲熏心的金融机构高干，再度进行毫无节制的高风险投资，以及带有欺诈的金融产品买卖活动，以避免重蹈这次金融大风暴的危机。我希望，世界各国也能仿效美国，立法责成缺德的经营者，负起社会责任，免得无辜百姓，再度被拖累受苦。

◇ IMF 总干事卡恩呼吁拯救受害的落后穷困国家

国际货币基金组织（IMF）总干事卡恩说：撒哈拉以南的非洲国家，过去 10 年，辛辛苦苦取得的进展，恐怕将在这次环球金融风暴、经济风暴的吹袭下，丧失殆尽。这次风暴，让这些国家的困境，更是火上加油。

他认为这些国家和它们的国民，陷入如此艰难的处境，并非是他们的过错。他希望：有能力的先进国、经济大国，尤其是那些导致金融风暴的国家，除了救助自己的金融、经济市场，也别忘了要帮助这些饱受饥饿、病痛的落后穷困国家。

◇ 世行担忧发展中国家

2009 年在伦敦举行的二十国（G20）峰会，世界银行提供给峰会的一份报告书里，也提出：受金融风暴的影响，使发展中国家，面临着高达三千到七千亿美元的资金短缺。其中四分之三的国家，都没有能力自行组织资金对抗国内贫困问题的加剧。

国际金融机构，也无法完全依靠自身的力量，为发展中国家解决这么庞大的资金短缺问题。因此，发展中国家在这次金融风暴中，受到的打击最大，影响也更深远。

◇ 各国应对金融风暴的策略

对这次金融风暴，中美两国提出了比较具体的应对方案。

我们很高兴看到，从美国和中国领导人的言行，以及他们的振兴经济政策，他们并没有因为金融风暴，而忘掉了气候变迁、资源短缺问题的迫切性和重要性。

在这两个经济大国的振兴经济配套里，为了确保可持续发展、建立一个绿色世界，他们给自己的发展方向重新定位，并以科研和创新为主轴，着重于绿色能源、绿色产业的发展。这一点，相信也会带动其他国家：产业发展方向的变革、产业的革新、科研和创新方向的重新定位，甚至于人类衣食住行、休闲娱乐等风俗习惯的改变。

可惜的是，其他国家，包括欧亚的经济大国，日本和英法德等国，都没有提出什么新的建议。许多国家仅仅依赖扩大财政支出，刺激经济，以及拯救风雨飘摇的银行和金融机构。

虽然 2009 年初以来，许多国家都重新出现了经济成长的迹象，然而，很多经济专家都认为，这只是扩充式的财政支出政策、刺激消费和内需的策略，造成的暂时效应，并不是实体经济和生产力的成长。如果各国政府，一味采用这种策略手段，一定会迫使国债大幅度上升，政府难于负荷，促进高通货膨胀，导致另一波经济泡沫的形成。

"另一方面，冰岛、拉脱维亚、希腊、西班牙、葡萄牙和爱尔兰等国，至今仍然面对庞大赤字和濒临崩溃的债务危机。这一切都使得全球经济的复苏前景，蒙上一层不确定的阴影。"

这句话是 2009 年初，准备来贵校演讲的时候我想说的。不幸被我讲对了！一度被称为经济奇迹的冰岛，在 2009 年，已经是一个彻彻底底的破产国家；拖延了一年多的希腊，如果不能够取得欧盟国家的大力协助，也会很快步冰岛的后尘，这将会使得本来已经缓慢复苏的欧盟区域经济，添加不确定的因素。

◇ 2008 年亚欧峰会

2008 年 10 月，在北京举办的亚欧峰会，峰会领袖们的论谈中，有几点，虽然没有在 2009 年的二十国峰会得到全面的共识，但我认为这几点，会成为构建未来世界政经格局的变革起点。我将这几点列出来，和各位谈谈：

• 法国总统萨科齐在峰会上，提出了两个很有意思的论点：

一是他认为：在后金融风暴时期，亚洲的两个经济与人口大国，中国和印度，它们能为世界的经济，带来重大的好处和影响。他强调：即将召开的二十国峰会，要有这两个国家的积极参与。

二是他提出了：应该是时候有新的国际货币结算机制，取代美元的霸主地位。他的这项提议，许多人盼望，能够在 2009 年的伦敦二十国峰会，得到良好的呼应。可惜的是，其他与会的各国选择保持沉默。他们的期望，却因此落空了。

• 与会者希望拥有大量储备金的中日两国，能为拯救世界经济与金融市场多出一点力。

不负所望，中日两国政府，在较早的时候，分别斥资 5855 亿和 2750 亿美元，作为振兴经济和刺激内需的财政支出。并且在二十国峰会推出的 1.1 万亿美元振兴经济计划中，中日两国也各自出资 400 亿和 1000 亿美元，作为 IMF 分配给各成员国的特别提款权，尤其是分配给陷入困境的贫穷成员国。

在这方面，自金融危机爆发以来，中国更多次组团到欧美各国，进行大手笔的采购，这对欧美的经济复苏，尤其是制造业的复苏和高失业率的缓和，带来了一定的贡献。

• 这次亚欧峰会的领袖们，也对世界金融体系的改革，达到了一定的共识，这包括：金融机构、高风险金融产品，以及高干薪酬的监控和制度化的改革；反对贸易保护主义的加深；加速往绿色经济发展方向转型。

• 为了加速经济复苏的步伐，亚欧领袖们也认同扩张财政支出政策的必要性。

这些共识，为 2009 年二十国峰会的 6 大谈判议程、峰会议决的公告，奠定了重要基础。

◇ 2009 年二十国（G20）峰会

二十国峰会于 2009 年 4 月 2 日，在伦敦成功举行。

二十国峰会会员国的领袖们，以及主要国际组织的领导，包括：世界银行、国际货币基金组织、南南落后贫穷发展中国家的代表等，他们都意识到，我们正面临着有史以来，规模最大、影响层面最广的全球经济挑战。

他们也明白，只有全球所有的国家，同心同德联合起来，才能有希望，解决这次的全球性危机。

大家也相信，全球经济与社会繁荣，是不可分割的。

全球的经济复苏，以及实现可持续性的经济增长，创造适合人类生存的空间，全球各国，需要共同承担责任。

2009 年二十国峰会，达成了突破性的共识，并且定下了多项具体的方案及实施行动计划。

这些方案和行动计划，如果能够全面落实，全球经济，不但有希望快速稳健复苏，也将会给世界，带来一段长治久安的局面。

有关峰会达致的共识，以及方案和行动计划的具体内容，同学们可以在网上，查阅伦敦二十国峰会的公告。

◇ 世界工程师组织联合会前会长李怡章

我的好朋友李怡章工程师，他深信科技创新，能为联合国千禧年的发展目标，做出巨大的贡献。他说：在千禧年发展目标里的消除贫穷、促进可持续发展，以及促进和平等方面，拥有科技创新能力的工程师，能将科技创新转换为实际用途，他们将会扮演非常重要的角色。

我认同李怡章先生的看法。

同样的，我认为：在解决这次的全球大危机、复苏世界经济的过程中，工程师只要掌握好方向，必定能够为未来的世界出把力、做出一定的贡献。

5 工程师的出路和能扮演的角色

◇ 一些会对中国工程师事业发展产生影响的未来趋势

从刚才我们所谈的，我们可以预测到：

• 中国对世界政经文教的影响力，将会越来越重，越来越深。

2009 年 2 月，温家宝总理在英国剑桥大学演讲时说："中华传统文化底蕴深厚、博大精深。'和'在中国古代历史上被奉为最高价值，是中华文化的精髓。中国古老的经典——《尚书》就提出'百姓昭明，协和万邦'的理想，主张人民和睦相处，国家友好往来。……，国强必霸，不适合中国。称霸，既有悖于我们的文化传统，也违背中国人民意志。"

中国的这种不称霸、友好和谐的中庸之道，将会成为目前世界多个区域，政治纷扰动乱的一股清流，必定能够赢得世界各国的友好合作关系。这对中国经济的未来发展，以及企业和人民在国外的发展，会更好，会更加顺畅。

• 中国在世界经济的影响力加深，中外人民的往来，必然会更加的频繁。我们可预见到，文化底蕴深厚的中文，会成为全球的一种通用语文。近年来，中国政府对高新科技的重视，以及积极的大力从事科研开发工作，中文也一定会演变，成为一种通用科学语文。

• 在不久的将来，人民币将会成为中国与邻近友邦的结算货币，最终将会进一步地成为一个重要的国际结算货币。

• 刚刚所谈的三点，将会促成越来越多的中国企业，往外发展，也将导致有越来越多的中国人到国外工作，尤其是在能源、重要工业用途资源的矿产业，以及建筑和基础工程等服务领域。

• 目前，伊斯兰基本教义派引发的恐怖袭击，活跃于世界各地。在短暂的时期里，恐怕很难销声匿迹。在这方面，反恐的检测系统和器材，以及防恐工具的研发，必将会给一些高新科技和新材料的应用，带来一些商机，如：在高新通信科技、生化科技、纳米科技等领域的研发和应用。

• 绿色经济将会成为未来最重要的发展经济。

• 全球化与现代交通工具的便利，廉价航空业的迅速发展，使到旅游和经商的人流数量，不断加大，但同时也促进了致命的瘟疫和疾病，频繁迅速向全球传播。各国政府，必定会加大防疫系统工程设施的安装，也会加大力度，研发和制造防疫、抗病毒的药品，以及防疫的用品和检测器材。

• 世界人口已接近饱和，城市人口大幅度增长，造成人口居住密度高度集中；温室气体，包括工业与机车废气的排放，造成了空气高度污染；废物废水的排放、化肥与杀虫剂的过分使用，也造成了水源与土地的污染；不健康的食品充斥市场，饮食过度，而又缺少消耗体力热源的活动。

这再次引发了近期来人类百病丛生的迹象。更可怕的是：多种疾病更是高致命性、染疾年龄也越来越年轻化，如：糖尿、高血压、心脏和肾脏等疾病。

这一切，也必将会为许多生化医疗等产业，提供高潜能的发展商机，也必将带动多种相关高新科技产业的发展。

◇ 工程师的出路

在 2007 年 4 月 2 日，我在贵校与老师和同学们，作了一个以
《工程师的事业发展之路》为题的报告。

在那次的报告里，我和大家探讨了怎样做一个对工程界、对社会
有贡献的好工程师。在那一次的探讨过程中，我告诉了大家工程师有
很广的出路，并介绍了工程师应如何对自己的出路，做出正确的
选择。

那一次我所谈的，虽然是三年前的一些看法，但当我重温那一次
我所写的报告时，我认为报告中的看法和建议，还是符合目前的境
况。近期的金融大风暴，让我对世界未来的发展趋势，有更清楚的认
识，也更坚定了我在报告中的想法。

这次金融大风暴，是有史以来最严重、影响层面最深最广的一
次。或深或浅，损坏了全球各国的经济，造成了全球许多企业、银行
和金融机构，陷入困境或倒闭，各国的失业浪潮高涨。因此，我对
2007 年 4 月 2 日讲稿中讨论的课题，做了些补充。

我要补充、要进一步和各位探讨的是：毕业生如何应对高涨的失
业浪潮。

2009 年，国际高等教育报告中的一篇文章指出："目前，中国有
接近 200 万大学毕业生，可能找不到工作。"文章中也举例："近期在
东华大学举办的招聘活动，超过 3 万大学毕业生，争取 1700 个由外
资公司招聘的职位。"

2009 年年初，香港凤凰台名主播杨锦麟，在北京做了一个追踪访
问大学毕业生，如何找工作，以及应聘面试过程的纪录片。片中让我
感触最深的是：一个职位千百人争夺，几乎所有的招聘者，都要寻找
有些经验的人，连天之骄子的北大、清华的高材毕业生，都很难顺利
找到工作。

毕业了或即将毕业的，碰上了这世界性的失业大浪潮，难找工作

的困境，怎么办？该如何应对？

我建议：

（1）对那些家庭环境过得去的，希望他们能继续深造。

由于近期的经济风暴，许多世界著名大学的捐献基金，大幅度削减，如美国的顶尖高等学府，普林斯顿大学和哈佛大学，也深受其害。因此，这些大学会加大录取自费生。那些家境比较好的，又能自费的，留学欧美名校，吸取高新科技知识，或者从事高新科技研究，这是个大好的机会。

有一点要注意的是，由于目前世界各国，尤其是一些欧美的国家，如：英、美、法、德等国，失业率也非常高，在国外半工半读是不太可能的。

那一些付不起留学国外昂贵费用的，可以考虑在国内继续深造。

如何选择，继续深造要攻读或研究的科目，需要参考意见的话，请参阅我上一次的讲稿《工程师的事业发展之路》。

同学们：

未来发展潜能大的行业，尤其是：绿色经济里的各种高新或革新产业，如：清洁能源、绿色建筑、绿色交通等产业，以及那些能提高人类生活水平、促进世界和平、确保人类安康、世界可持续发展等的高新科技产业，都会有很好的发展潜能。

对这些行业或领域的相关课题，如果能够有多一些认知，吸取多一些知识、进入深一层的研究，对自己在未来，无论是寻找工作，或者是在事业发展上，都会有很大的帮助。

（2）对那些需要寻找工作的，我就要和你们谈的一些建议，希望能给你们带来一些帮助：

• 在僧多粥少的情况下，想找一份适合自己心意，或者是符合自己专业的工作，是非常不容易的。

退而求其次，只要是有一份工作，请你们不要太计较是否是自己所读的专业，也不要太计较薪水的多寡、工作条件如何或者是多艰苦的工作。只要不是作奸犯科、太伤心身、风险太高的工作，赶快把它拿下来吧！

在这失业率高涨的时期，能够找到一份工作，已是万幸。况且，参与其他行业的工作，能增广一个人的见识。这对往后事业的发展，会有很大的帮助。只要自己能洁身自爱，在工作闲余的时候，不断进修自己的专业，在经济转好的时候，有了一些虽然不是自己专业的工作经验，会更加容易找回自己专业领域的工作，或者是更加称心的工作。这一点，在我 2007 年 4 月 2 日的讲稿里，有相当详细的叙述。

如果一时找不到工作，你们也可以考虑，在自己的专业领域里，去当无薪，或者拿少许津贴的实习生，从而取得一些许多雇主想要的实际工作经验，为你将来申请工作铺路。

• 面对第二次世界大战以来，前所未有的，全球性失业率高涨时代，要找工作，你不但要和国内毕业生竞争，你也要和海外归来的同期大学毕业生竞争，以及那些近期失业的员工竞争。海外镀金归来的、有实际工作经验的失业者，他们具备了更强的竞争优势，与你争夺那有限的工作空缺。

在这里，我想再给你们提些建议：

• 掌握好英文。

英文是现今世界上，最普遍的沟通语文。它不单有广泛的商业用途，并且也是科技世界里，一种通用语言。一旦掌握了英语、提升英文的书写水平，能增加你寻找工作的机会，也会加强自己的竞争优势。

中国国内，有许多外资公司、许多出口导向的本国公司。从长远来看，将来会有越来越多中国跨国企业，往外投资和设置产业，而英文则是这些企业，最普遍的国际商业用语。因此，如果你掌握了英文，你就能够增加机会，能够在这些公司服务和发展。

- 做足准备应征的功夫。

由于工作岗位空缺少，应征人数众多，在寻找工作的时候，提呈应征文件，必须精简有力。要能够以简短的文字，说明为何你应该被选，再辅以简明的个人履历附件。如果你幸运地被挑选去面试，那就要做好更充分的准备，比如：面试时，穿着要整洁得体；对有关邀约面试公司的资讯，包括：营业范围、概况和它的竞争对手等，都要预先查询和了解；争取在面试开始时的前一两分钟里，以谦逊和有礼貌的态度，简短有力说出，你为何是最适合的人选。

- 利用其他渠道。

由于目前求职竞争非常激烈，不要只是等待征聘广告。你应该更积极通过其他管道，主动地去寻找工作岗位的空缺，比如：在网上刊登求职广告、通过猎头公司、通过亲戚朋友的介绍、主动广发求职函给一些经济较好的公司等。

- 别气馁。

请你们记住：千万别因为几次的求职失败而气馁。只要再接再厉，可能在第 51 次或第 81 次……你最终将会找到一份工作。记住：机会是永远留给有心人的。

（3）自己创业

在"危机"中，往往会有意想不到的机遇。那些原本有心自己创业的人，不妨利用这非常时期，提供的一些利好投资条件，比如：低廉的租金、低息的商业贷款、更优厚的审批条件、能以更低的薪金，聘请到更好的人才等，尝试进行自我创业。

几乎每一次的经济大萧条，我们看到了一些公司倒下去，但同时，我们也看到了一些初创的公司成功冒起，并在短期内，发展为大型的企业，甚至有些变成了跨国公司。你们可能熟悉的马来西亚百盛百货集团，就是一个在经济萧条时，创业的好例子。

谈到自己创业，你肯定会说：空有一腔热血和满怀抱负，有一个很好的经营项目和经营方案，但没有资金，奈何？

同学们，只要你的项目和方案是可行，而你又愿意与人分享成果，别担心没有人会资助你。

同学们，我也是在 1970 年代末 1980 年代初，马来西亚经济低迷，刚刚要复苏的时候，以 4 万元人民币创业的。在 1981 年，我拿下了一项大工程，总工程额高达 6400 万元人民币。如果不是我愿意与人分享，如果没有人资助，我怎么能够只用短短 4 个月的时间，完成这项浩大的工程。

6　结语

在结束我的讲话前，我想重提一次，温家宝总理在英国剑桥大学演讲时，所说的一句话，他说："每一场大的危机常常伴随一场新的科技革命；每一次经济的复苏，都离不开技术创新。"

同学们，你们身为工程师，是站在科技革命的前线。只要你们能够认清未来的发展方向，抱有正确和积极的态度，不怕艰苦和短暂的挫折，在国际政经格局、科技变革的大时代，在经济复苏的过程中，你一定会有机会，碰上一些难得的机遇。能够把握着机遇，你将能有所作为，也能为社会为国家做出一定的贡献。

这次的金融风暴所带来的经济危机，一方面给我们带来了重大的压力和挑战，另一方面也给我们带来百年难得的机遇。人世间有许多非常玄妙的事情：苦中有甜、悲中有喜，危机中往往也有很多很好的机遇。

因此，我要说：同学们只要能够认清楚未来的发展趋势、能够贯通中英双语文、借着中国的稳健崛起、以自己的能力和长处及兴趣定位、不怕艰苦、具备坚强的毅力，在这变革的大时代，掌握好时机，同学们肯定会有很好的机遇和发展前途。

9
漫谈企业与科技创新

2008 年 10 月 11 日在马来西亚第 2 届中小企业全国研讨会专题讲演

1 引言

各位，综观目前国内外的局势，假如我们的政治、经济和科技创新策略，再不作出适当的调整和改革的话，我们将会面临发达国家，甚至于一些新兴的国家，在经济、科技等方面占有优势的巨大压力。

再加上，马来西亚华裔的人口与巫裔和印裔相比，日益减退，加上废除土著优先政策，遥遥无期，因此，华族企业将会承受更加沉重的压力，华族也有可能会被挤出国家经济发展的主流，甚至于变得无立锥之地。

再说，在当今 21 世纪，世界贸易和投资自由化，已几乎变得毫无疆界；新科技革命也迅速猛烈地发展，正孕育着新的重大突破；能源和重要矿物资源的短缺；气候的异常变迁；近期西方自由金融体系神话的破灭，这一切，将深刻地改变各国的政经和社会面貌。

为了突破我们的困境，并且为了确保我们能够继续留在国家经济发展的主流中，以迎接 21 世纪带来的挑战和机遇，我们需要多方面的改革和努力，这包括：

- 革除华社喜好内斗内耗的陋习，
- 建立一个以和为贵、互助互补的华社，
- 提升华团为华社服务的功能，
- 深化华资企业的改革和转型，等等。

与此同时，我们应该比以往任何时候，更加需要紧紧依靠着科技创新，以强化我们的竞争力和生产力，提升我们产业的经济价值链，进而推动华社在经济上，全面、协调、可持续性地发展。

因此，我今天选择了"企业与科技创新"这个题目和各位探讨。

我按以下提纲和各位谈谈：

- 科技创新的重要性；
- 然后讲解创新的定义；
- 如何培育科技创新人力资源；
- 如何留住科技创新人才；
- 以及在家庭、学校、企业、社会和国家应有的创新环境和文化；
- 最后再跟大家谈谈大马（马来西亚）人的创新；
- 以及商联会如何能够协助你，在科技创新能力方面的发展。

2 科技创新的重要性

各位，科技创新对一个民族、对一个国家的发展和兴旺，对一家企业能不能够赚钱，都有着极为重要的关系，甚至于一个民族、一个国家、一间企业能够不能够继续生存，科技创新也是扮演着一个非常重要的角色。

- 美国之所以能够在经济上，独领风骚多年，而居高不下，靠的就是科技创新。根据一项统计，美国上市公司的 3/4 市场总值，是无形的知识产业（intangible assets）。

- 北欧诸国如瑞典、芬兰，他们的人均收入，居世界前十名之内，靠的也是科技创新。（2007 年，瑞典人的年均收入是 49655 美元，芬兰是 46602 美元，而马来西亚人民的年均收入，却只有区区的 6960 美元）

- 日本的 TOYOTA，已经在 2008 年取代了美国通用汽车公司（General Motor），成为世界最大的汽车生产商，靠的也是不断的科研创新。比如，它在早期推出的 JIT 采购系统，为公司省下了许多库存的成本；和近年来推出的 Toyota Prius Hybrid 混合动力汽车，更在汽车制造业独领风骚。

• 在 1999 年的时候，家庭用具公司 Whirlpool 前总裁 Dave Whitwam，推出了一个环球创新策略，他说："Innovation from Everyone and Everyway"，也就是"人人要创新，无处不创新"。三几年后，Whirlpool 创造了许多新产品，公司的营业额，从 2003 年的 7800 万美元，增加到 2006 年的 16 亿美元，整整 20 多倍。现今，该公司还有 500 多种可以推出市场的创新产品，这些产品一旦推出市场，可为 Whirlpool 的营业额，加多 35 亿美元。

• 近年来，一家在新兴发展中国家的建材公司，成长神速，并且利润丰厚，它就是墨西哥的 CEMEX。最近的十年，它的年均成长率和利润都递增 20%，比其他两个世界级的竞争对手，法国的 Lafarge 和瑞士的 Holcim，高出了接近两倍。在 20 世纪 90 年代初，CEMEX 只是一家中小型企业，现今，它已跃升为世界第三大的水泥生产商。

CEMEX 为什么能够如此神奇地成长？主要是因为 CEMEX 相信创新。

在 1990 年的时候，它的 CEO，Lorenzo Zambrano，他相信要使公司能够有更好的发展前景，是依靠创新。因此，他推出了科技创新作为公司经营的主导战略新方针，并且也制定了具体的科技创新经营方案，同时他也确定公司各个部门、全体员工由上到下，都能系统化的贯穿施行。

• 我自己能够在短短的 3 年里，从零到拥有一家上市建筑公司，并在 10 年里，将业务扩展至中国大陆、中国香港、澳大利亚和东南亚各地，靠的也是科技创新。

• 中国经济强大崛起，我认为科技创新也肯定是一个重要的因素，他的幕后功臣邓小平和胡锦涛都是深信科技创新的人。邓小平主张"科技创新是第一生产力、第一竞争力"；而胡锦涛更认为："自主创新是国家竞争力的核心力量"。从 2006 年 2 月 9 日，中国国务院发布的《2006—2020 国家中长期科学和技术发展规划纲要》，我们可以看到，中国对科技创新发展的重视和决心。

• 权威性的经济杂志，经济学人（The Economist），曾经报道说："科技创新已取代了土地、能源和原料，成为最重要的资源。"

马来西亚有独特和复杂的种族、宗教和政治架构。自从独立以来，尤其是在 513①之后，我们历年来所奉行的，一族一教，唯我独尊的不公平政策，就算安华②领导的人民联合阵线（也就是 Pakatan Rakyat）能够执政的话，我认为也很难在短期内有所改变，更别说，要构建一个全民的大公社会。

因此，华资企业若要在国内继续生存和发展下去，并且和往年一样，能在国家经济发展主流中，继续扮演着一个重要的角色，华族肯定要自强。

如何自强？我认为其中最根本的策略，就是要依靠科技创新。

在评论 2006 年《中国科学和技术发展规划纲要》时，中国的人大代表赵志全先生说："创新是一个民族的灵魂。科技水平是一个国家综合国力的体现。……科技创新是一个民族进步的动力。"我认同赵先生的说法。因此，我认为创新应该成为我们华族的灵魂和进步的动力。科技水平也应该是华族综合力量的体现。

我深信，科技创新不单是提升华资企业的竞争力、生产力和经

---

① 513 事件简称 513，为 1969 年马来西亚举行第三届普选后，所爆发的种族冲突。

② 安华（Anwar Ibrahim）曾经是马来西亚执政联盟"国阵"最大执政党，即全国巫人统一机构（United Malays National Organization），简称巫统的领袖之一。他在 1993 年当选为巫统署理主席，并出任马来西亚副总理。1998 年因惹官非而遭革职，并被判入狱。他在 2004 年获得释放出狱后，成立了人民公正党，并与另两个反对党行动党和伊斯兰教党组成反对党阵线"人民联盟"简称"民联"。安华领导"民联"在 2008 年 3 月 8 日的马来西亚全国大选，第一次否决了执政联盟"国阵"在国会的 2/3 多数议席，并成功拿下马来西亚五个州的州执政权。

济价值链，它也可以保证华资企业，能够继续地，留在国家经济发展的主流中。更重要的是，一旦华资企业掌握了科技创新，我们就能够有自己的商业品牌、秘方或者是专利，整个世界市场就能够让你自由的纵横驰骋，并且可以减少和避免跟土著正面竞争国内市场。

再说，有了自己的品牌或专利，只要价钱公道，服务好，就算有土著①保护政策，你还是能够有机会，积极地参与国内的市场。

马来西亚金融业信息科技的龙头老大，吴炳炜先生，他也是我们科技创新委员会的顾问，他的公司，12～13 年前只是一间小小的 IT 公司，今天他的公司拥有数十亿马币的资产，他的生意遍布世界各地，包括中国、美国、日本、澳大利亚、阿联酋、匈牙利和大部分的东盟各国，他依靠的也是科技创新。

另外一间大家耳熟能详的公司 Jobstreet.com，是在 1995 年，由 4 位留学美国麻省理工学院，志同道合的同窗同学联合创办的，2004 年在吉隆坡股票市场上市，在 9 月最后一个交易日闭市时，它的公司市值达到 52500 万马币，2007 年的营业额是 8600 万马币，利润则高达 3000 万马币，整 40%，若以经营成本计算，它的利润则高达 60%。

Jobstreet.com 是利用信息科技，将传统的人事招聘营运法，改革成网上招聘。现在，它已经是一家知名的主要网上人事招聘公司，它的业务横跨亚洲各国，包括马来西亚、新加坡、菲律宾、印尼、越南和印度等国。

图 1　Jobstreet.com 将传统的人事招聘营运法，改革成网上招聘

---

① 　土著主要是包括马来西亚巫裔和少数民族。此处讲的土著主要针对巫裔。

各位，另外一点值得一提的是，科技创新靠的是自己的努力和智慧，没有人能剥夺你的创新成果，也没有任何政策能阻止你去创新。

总括一句，我认为，科技创新是华资企业自强，突破困境，最好的一条出路。

3　何谓创新

让我先和各位谈谈创新的定义。

许多人对创新本来就不太理解，加上近年来，创新这个名词，被人过分的引用，让人们对创新的定义，更加的混淆。再加上，有关创新的书籍非常少，而写这些创新书籍的人，几乎都是非创新者和不懂得创新的人，这导致，人们更加地难以明白创新的真正意义、创新的功效和创新的过程。

人们也常常将点子、创意、革新和发明，与创新混淆而用。虽然这些词语和创新都有一些关系，但创新是有它不同的涵义。

在 2005 年 11 月，中国科学院的葛霆说：当前国际社会对于创新的定义，比较权威的有两个，一个是 2000 年联合国经合组织提出的，它说："创新的涵义比发明创造更为深刻，它必须考虑在经济上的运用，实现其潜在的经济价值。只有当发明创造引入到经济领域，它才能成为创新。"

第二个是在 2004 年，美国国家竞争力委员会提出的，它说："创新是把感悟和技术转化为能够创造新的市值、驱动经济增长和提高生活标准的新产品、新过程与方法和新的服务。"

我认同联合国经合组织和美国国家竞争力委员会对创新的说法。我想进一步地补充说：点子、创意、创造、发明和科技研发都是创新过程中一个重要的环节。没有点子/创意，哪来创新？没有发明和科技研发，哪能扩大创新的跨度，从而取得专利保护权和更高的经济价值。

其实，点子、创意、发明和科技研发都是创新的源头。点子和创意可以说是一种小创新，可用处比较有局限，创造价值也比较低。革新也是一种小创新，日本的企业比较广泛和成功地应用，他们称之为Kaizen（也就是日语的改善或改进）。发明本身也是一种创新，不过只有那些能创造经济价值，以及对人类生活与知识有一定影响的发明，才可以称为创新。

各位，接下来我和各位谈谈创新的程序。

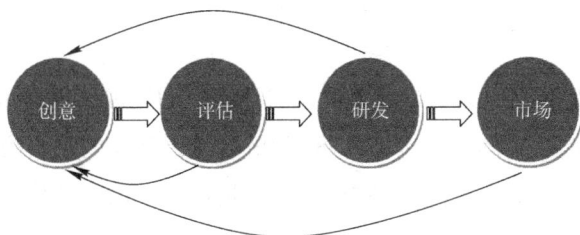

图 2　创新程序

除非是非常简单的创新，并且创新跨度（也就是 Inventive Step）不大，我们是很难将一个想法/创意/发明，轻易地直接转化成一个有价值的创新。

一个有重要意义和高价值的创新，从创意/发明到创新，是一个过程。我将这个过程称之为"创新程序"。

创新程序看起来好像很简单，但假如你仔细地想一想，问一问："创意是如何产生？在什么情况底下产生？"；"程序是如何有效地操作？如何能取得比较好的效果？"，你将会发现，从创意/发明/科研成果到创新，必须有一批各领域的人才配合和参与。除了有好的创新人才之外，还要有科技研究和开发的人才，以及懂得市场和经营企业的人才。同时，创新程序还是一个需要经过重复思考和推演的迭式流程，这是因为在做实用性和科技及市场可行性评估的时候，或者是科研和开发市场的时候，创新方案可能需要多次的来回修改，以符合科学技术上和市场的需求。

因为创新程序相当的复杂，一般人对创新有不同的见解和看法。那些本身不是创新的人，或者没有参与过创新工作的人，一般都会错误地认为，创新：

• 是来自天才的灵光一闪，像牛顿在 1666 年的时候，当他坐在一棵苹果树下，一颗苹果掉落在他头上，灵机一动，突然悟出了万有引力的道理。其实，有许多证据显示，在牛顿还没有悟出万有引力的理论，万有引力的概念，在他的脑海里已经酝酿了整整 20 年。

• 可能也有人认为，创新是来自于偶然的发现，像查尔斯·古德伊尔（Charles Goodyear）在 1884 年的时候，意外地发现硬化橡胶的方法。各位，假如查尔斯·古德伊尔不是在做着橡胶硬化的研究，那么，哪里会有橡胶汁在他的实验室里，让硫酸汁意外地流入，让他发现到硬化橡胶的方法。

• 或者也有人认为创新是出自于特有天赋的人。或者纯粹是运气。

就算是一位创新的人，他们也很少能够全面地理解创新的缘由，以及错综繁杂的创新过程。

这可能就是为什么市面上，很少有关于创新的文献和书籍。

这也可能是为什么企管大师唐彼得（Tom Peter），在他那本 1997 年出版的《创新领域》（Innovation Circle）的书里，他写下："Why are there so f-e-w books on …INNOVATION… and s-o-o-o many on teams/empowerment/reengineering/quality?（1）Beat me!（2）Too hard?"

为何创新和创新程序这么难以理解？

那是因为，创新是：

- 要以人为本
- 要他人的配合、协助与支持
- 要有一个创新的环境/文化

并且三者必须配合无间。

图3 创新必须要以上三者配合无间

4 创意是如何产生的?

我认为："需求是创新之母"。而需求也是创意/发明的主要原动力。

引发创意的主要动机，在企业里，一般是为了提升竞争力和生产力，有时也是为了企业的可持续发展，企业的存亡。

《蓝海策略》作者金伟灿，在他书里的第一章"创造蓝海"，他提到的一个例子，加拿大的太阳马戏团（Cirque du Soleil），如何将马戏团，一个夕阳产业，转变成加拿大一个最大的文化出口企业。

马戏团原本是为儿童而设的。我国老一辈的人，在孩童时代，大概都会以父母能够带他们去看马戏，感到幸运和高兴。现在的孩童，有许多其

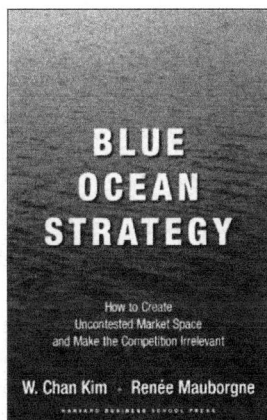

图4 金伟灿著作的《蓝海策略》

他更有趣的玩意，像电子游戏机等等，马戏对他们来说，再也没有这么大的吸引力了。

顾名思义，马戏团是以动物表演为主。许多人认为马戏团的表演，对动物带有虐待性，尤其是在训练动物表演的时候。在欧美有许多热心保护动物的人士和团体，造成了许多父母不愿意，也可能不敢

再带孩子去看马戏。这一切，对本来已经是夕阳产业的马戏团，可以说是雪上加霜。

太阳马戏团的总裁 Guy Laliberte，面对马戏团没落的危机，大胆地将马戏团不好的一面去掉，比如，带有虐待性的动物表演，并且引进了歌舞剧较好的一面，它成功地结合了娱乐性较高的马戏团文化，和优美典雅的歌剧院文化，形成了一种前所未有的创新娱乐文化。

太阳马戏团这种没有小丑和动物的创新演出，不但能保留着原有顾客群，更吸引了其他不同的顾客群，比如企业界人士和热爱音乐歌舞剧者，等等，也让它能够增高票房的价格，为他的公司扩大了利润。从演出至今，风靡世界各地。各位，这就是一个为企业的存亡而创新的最佳例子。

在企业里，解决难题也是产生创新/创意的重要源头。当然，对一些企业员工来说，创新可能是为了追求知名度，或者是成就，他们也有些纯粹是出于兴趣，或者是对某种学问和知识的寻求突破。这一类的员工，往往是能给公司带来许多富有创意的建议，公司应该给予鼓励和珍惜。

所以，假如一家企业，希望公司员工能有创意，能够出创新，公司必须有一批适合于和愿意从事创新的人力资源，有一套创新文化，一套创新的政策，和一个适宜的创新环境。

各位，接下来我将和各位，进一步谈谈"科技创新人才"和"创新环境与文化"。

5　科技创新人才

所有的创新是源自于一个概念，并且是要富有创意的概念。但所有的概念，必须有人，方才能够提出。到目前为止，世界上还没有一台电脑，或其他的东西能够取代人提供创意。

你可能要问：是不是每一个人都能成为创新的人？答案是否定的。

因为一个创新的人，必须拥有许多先天的特质，如智商（IQ）、恒心、富有想象力和联想力，等等。同时，他也必须拥有一些后天培训出来的特质，比如，知识、能力、拥有广博的见闻，以及对他想要创新领域的知识和科技，有一定深度的认识。

同样的，创新团队除了要有创新特质的人，其他创新团队的成员，比如科技研发人才，和懂得市场和经营企业的人，也必需各自拥有一些不同的先天和后天的特质。因此，不是每一个人都能够成为创新团队的成员。

6 创新的环境与文化

大家可能都知道，在处理一个课题时，年纪比较大的人，一般会依赖过去的经验和做法，或者是从资料中寻找解决方案，而不会去创新。

根据统计数据，大多数申请创新专利者，或者是获得诺贝尔奖者，他们的年龄都是在 25～35 岁之间。

所以，华资企业如果希望能有一批华裔的创新人力资源，我们的华人子弟，就应该从小给他们培育创新的意识。

环境是培养创新的重要温床。无论是在家里、在学校、在职业场所或者是社会，有一个好的和能给予辅助以及支持的环境，对一个人，创新热忱的持续、创新智慧的培育、创新能力的提升和创新能量的释放，是非常重要的。

比如在家里或者学校，父母和师长们，应该对孩子们好奇的发问，或者是提出新奇的想法，应该给以适当的鼓励。好的新奇想法，或者是创新建议，也应该给以奖赏。

为了进一步说明，环境对创新思维塑造的重要性，让我说说，我从小时候到大学的一些创造和创新经历。其实从小学到大学毕业，我有许多创新/创造的例子，由于时间的关系，我只挑 3 个，简单地说说。

在小学 4 年级的时候，有一天，我看到一位 6 年级的同学吹笛子，觉得很好听也很好玩，真想自己也能够有一支笛子，但当时我家里很穷，买不起。当天回家后，在我家屋旁的一座竹林里，我砍了一根直径与笛管大约相等的竹枝，拿回家准备用木炭烧红的三寸铁钉，挖钻笛孔，被我爸爸发现，我坦白地告诉他我的想法，我爸爸不但没有责怪和打骂我，他还帮我钻了笛孔。笛子做好后，还教了我一些简单的笛子吹奏法。我不知道父亲原来也懂得吹一些简单的曲子。

在中学的时候，我观察到不管是飞禽走兽或游鱼，雄的都是比雌的漂亮，以此类推，我写了一篇《男的比女的漂亮》的作文，我的华文老师张子深先生，给了我非常高的分数，还在同学们面前，称赞我的创新思维。不过这篇作文，我得罪了几乎班上

图5 当年的女班长（左）
成了我如今的太太（右）

所有的女同学，他们 3 个月不和我说话，说我是怪物，只有女班长赏识我。最终，这位女班长成为了我的太太林妙容。

在大学的时候，我延伸了 Column Analogue 结构设计定理，已过世的丹斯里陈芳基教授，不但在讲堂里称赞和勉励了我，还在工程实验室里，拨出了一间冷气房让我专用，作为对我的奖赏。

我从小时候到大学的这些创新做法，不断地被肯定和赏识，奠定了我后期在工程上，多项创新和发明的重要基础，比如，我发明了被广泛应用的三角桩，和多项的创新工程设计方案，等等。我在短短的

三年里，将一家只有 2 万马币资金的打桩小公司，发展成在我国股票市场，第一家上市的建筑公司，靠的就是这些工程科技的创新。

再提一个例子：发明蒸汽机的瓦特（James Watt），小时候常常在厨房里看他的祖母做饭，看到开水沸腾，壶盖往上跳，曾经问他的祖母是什么原因。可能是因为他的祖母很忙，或者是不知其所以然，所以就不耐烦的含糊应了两句，但幸亏她没有大声地骂他，赶他出厨房，让瓦特有机会继续留在厨房里，观察和思考沸水推动壶盖的道理。他最终悟出了蒸汽推动力的原理，并在后期发明了蒸汽机，成为英国 18 世纪工业革命的主要推动力之一。

各位，如果你们希望自己的孩子能成为另一位瓦特，就应该避免打压孩子们的好奇心和发问。反过来说，长期的打压孩子们的好奇心，会毁掉他们的创新意志。

家里和学校要有一个能培育和提升孩子们创新思维的好环境，除了避免打压和给以鼓励及奖赏之外，也要在家里和学校，形成一种创新的风气和文化。比如经常给孩子们讲创新的小故事，一方面提升他们对创新的兴趣，另一方面让他们理解创新的心路历程；或者是与孩子们探讨课题时，不要以长者教条式的指指点点，应该引导他们利用横向思维，鼓励他们提出多种不同的看法，等等。这样子，我们才有希望能为华社培养出一批未来的创新人才。

谈到企业的创新环境和文化，知名和成功创新的企业，比如美国的 3M 公司，韩国的三星集团，以及上面所提的家庭用具公司 Whirlpool，和水泥生产公司 CEMEX，它们不但为员工提供了一个良好的创新环境，有自己的创新文化，比如：把创新的失败当做是宝贵的经验，奖赏创新失败的人，并且它们都有一套完整的创新政策和制度，比如：

- 创新管理制度；
- 创新人力资源筛选和培养制度；

- 保留创新人才制度；
- 市场与信息沟通系统；
- 创新的投资政策，等等。

一般这些公司，由上到下，从总裁的办公室到各地的各个部门，都弥漫着浓厚的创新气息。

有关这些公司的创新环境、文化、政策、制度及风气的形成，许多书籍都有详尽的报道，我在这里就不再赘述。我建议大家可以阅读，Ernest Gunfling 所著的 3M WAY TO INNOVATION，Peter Skarzynski 和 Rowan Gibson 所著的 INNOVATION TO THE CORE，Henry Chesbrough 所著的 OPEN INNOVATION，和金伟灿所著的《蓝海策略》。我认为这几本有关企业与创新的书，都写得相当好，值得参考。

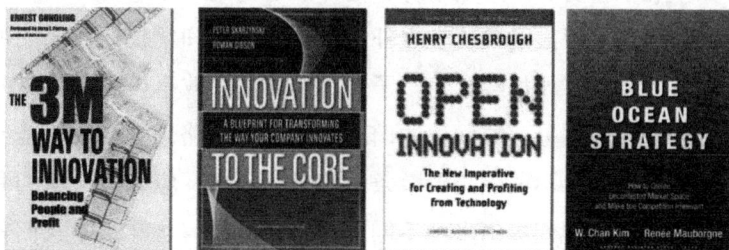

Ernest Gunfling　　Peter Skarzynski, Rowan Gibson　　Henry Chesbrough　　W. C Kim（金伟灿）

图 6　几本有关企业与创新的书

其实，我认为金伟灿的《蓝海策略》就是企业创新策略。他只是将企业创新，从另外一面呈现出来而已。

各位，在华社方面，我诚恳地希望，商联会和华总及七大乡团，能够带领我国的各华团，推动创新文化，促进创新的风气，协助华社造就一批雄厚的创新人力资源，让华资企业能通过自主创新，再闯高峰，继续成为马来西亚经济发展的主流。

7 大马人的创新

各位，接着下来，让我简短的谈谈大马人的创新。马来西亚的科技创新总体水平，与西方和东亚一些发达国家相比，还有很大的差距，主要表现在：科技创新投入不足，发明专利数量少；优秀拔尖人才不断往外移；教育制度不符合科技创新的目的，高校和科技研究中心的研究质量不够高，关键技术自给率低；科技创新政策与体制和机制还存在不少的弊端。同时可能也是因为，马来西亚得天独厚，有丰富的天然资源，加上占总人口最多的土著有特权保护，造成了大部分马来西亚人，包括华人，一般对科技创新不太重视。

刚才我提到，有关马来西亚的科技创新投入不足，以及发明专利数量少，请先看看表 1，那些先进和发达的国家，像美国、日本、瑞典等国，甚至于新加坡，它们的 R&D 投资占 GDP 的比例，平均都高达 3%；而马来西亚却只有 0.6%。

部分国家和地区的研发 R&D 投资占 GDP 比例，

GDP 总额和 R&D 投资 表 1

No.	国家和地区	R&D 投资占 GDP 比例	GDP 总额（亿美元）	R&D 投资（亿美元）
1	瑞典	3.86%	3849	149
2	芬兰	3.48%	2094	73
3	日本	3.20%	43401	1389
4	韩国	3.00%	8880	266
5	美国	2.60%	132018	3432
6	中国台湾	2.58%	3655	94
7	德国	2.51%	29067	730
8	新加坡	2.39%	1322	32
9	中国	1.42%	26681	379
10	马来西亚	0.6%	1301	12

资料来源：Eurostat，OECD、9MP 和相关的网上资料。

表 2 是：2005 年各国拥有的专利项目（全球总数为 560 万项），大家可以看到我们只有 420 项。

各国拥有的专利项目及其占全球的比率　　　　　表 2

国家	专利数目	占全球专利比率
日本	1613766	28.800%
美国	1214556	21.700%
韩国	353251	6.308%
德国	245403	4.382%
法国	172912	3.088%
俄罗斯	99819	1.782%
中国	59087	1.055%
瑞典	40331	0.720%
新加坡	2619	0.047%
马来西亚	420	0.008%

资料来源：世界知识产权组织 2007 年报告书（WIPO 2007 Report）。

各位，独立 51 年来，马来西亚的经济发展，虽然有一定的成长，但与新、韩、台三小龙相比，还有相当大的差距，更别想要说，我们能够在 12 年后发展成为像日本和欧美等经济发达的先进国家；再说，马来西亚的抗经济风暴力也不强。我认为，其中的一个根本原因，就在于我们的科技创新能力薄弱。

目前国内政局动荡不安，马来西亚的一些弊端，恐怕在短时期内很难革除改进，我认为华人应该，趁其他族群对科技创新的重要性，尚未完全醒觉时，抢先强化科技创新能力的发展，包括：加快科技创新人力资源的培育，提升企业对科技创新的重视，以及加重科技创新的投入等。

各位，这就是华族自救自强的正道，以应对国内外政经格局恶化、应对天然资源短缺和应对气候无常变迁等的挑战。

从华族经营的餐饮业和食品加工业来看，大马的华裔是有相当强的创新意识和智慧，如自创的肉骨茶，不但有越来越多的不同品味，味道也越来越好，声名远播，世界各地的华人，到大马没尝过肉骨茶，就等于没到过大马；中秋月饼和肉干，虽然是传自中国，但我们的月饼和肉干，比原产地用料与品味，更加的多样化，更加的细腻可口。还有前面所提的吴炳炜先生，将废矿湖改为休闲娱乐场所的丹斯里李金友和谢富年等人，也证实了大马华裔是有创新能力的。

因此，我非常希望，华资企业能改变思维，好好地利用我们创新能力的长处，重视与投入科技创新的研发，让华资企业发展能步步高升，再创辉煌。

8 商联会可协助提升你个人和企业的科技创新能力

由于我本身是科技创新者，并在以往的事业上，从科技创新得益良多，为了协助中小型企业，在 2004 年，我提议商联会成立科技创新委员会，得到了总会长和全体中央理事的支持。

科技创新委员会的主要宗旨是："科技创新建华社"，使工商企业与科技界有更好更密切的良性互动，华社科技界的成长能与工商业界的竞争力和生产力，大幅度同步提升，同时，协助发展华资企业，在工商产品与服务的科研创新。

非常幸运的是，在科技创新委员会创立后不久，我们罗织了 70多位愿意献身华社各领域的华裔科技专家和专才。

自 2004 年创立以来，虽然不敢说有做出太大的贡献，但对华裔工商界及华社，的确也作了一些有意义的工作。如：每年邀请一位国内外的知名科技专家，为华裔工商界作专题的公开演讲，让华裔工商界更能掌握最新的科技发展趋势。

更在 2006 年与东盟工程科技院，在马来西亚联合举办了 2006 国际能源大会，提前预报了能源问题，将对经济与工商业活动，带来重大冲击的警讯。

科技创新委员会的多位专家，这几年来也曾经为华裔工商界提供了一些咨询服务，以及科研开发的协助。

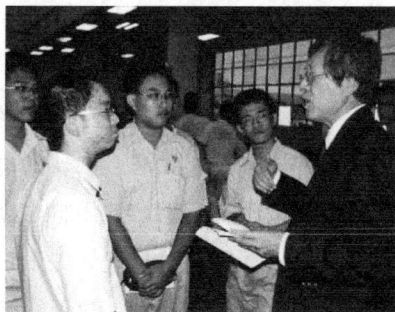

图 7　洪礼璧与中学生交流科技创新

为了协助华社培养更多未来的科技创新人力资源，在科技创新委员会委员黄文华律师的协助安排下，科技创新委员会也不遗余力地在全国 60 所独中（华人民间的独立中学）推展科技创新的活动。

科技创新委员会在副主任吴木炎硕士的领导下，在 2008 年 8 月 15 日，推出了一个 B2B、B2C 和 C2C 的新村网站，为我国 450 个华人新村，创造了一个与国内外市场有效的沟通平台，并让新村能与外界，在工商业、文化和教育等方面有更好的交流。

各位，在不久的将来，我们也会推出，为华资企业而设的中小型企业网站，这也是一个全功能的 B2B，B2C 和 C2C 网站。

最后，我希望各位在座的商联会会员和工商业界的朋友，能够好好地利用我们科技创新委员会为你们提供的服务。

谢谢大家！

10
与独立中学生谈谈科技创新的重要性

2009 年在马来西亚华文独立中学巡回讲演

1　前言

老师们、同学们：

我从小就很喜欢数学和科学、喜欢新奇古怪的东西，也喜欢自行制造或创造一些好玩的小玩意儿，和提出一些创新的看法。我没想到小时候的这些喜好，对我这一生的成长和事业上的成就，带来了深远的影响。

一直到后期，事业有成后，我才意识到小时候的这些喜好，引发了我对创新的兴趣，塑造了我的创新思维，提升了我的创新智慧和能量，奠定了我的创新能力；而我从小奠定的创新能力，尤其是科技创新能力，造就了我在事业上能成功迅速地发展，并在我很年轻的时候，在马来西亚的基础工程界和建筑界，取得了一定的地位。

因此，我在很早期的时候，就开始意识到一个人的创新，可能和他成长的过程与环境有着一定的关系。

后来，为了研究如何为企业培养科技创新人才，从统计数字，我发现大多数申请创新专利的人，或者是获得诺贝尔奖的人，他们的年龄都是在 25～35 岁之间。

我本身的几样创新专利，也是在这段年龄的时候申请的。

我也发现，在处理一个课题时，年纪比较大的人，往往会依赖过去的经验和做法，或者是从资料中寻找解决方案，而不会去创新。

这让我肯定了，创新人才，尤其是科技创新人才，是要从小培养起来的。

近几年来，我不断地在探索创新这个课题，在探索的过程中，我注意到大部分成功创新的人，从小就对创新有着浓厚的兴趣，并且有一个良好和鼓励创新的环境，这更进一步地坚定了我对创新要从小培养起的看法。

同学们，这就是为什么，在我创立和领导的科技创新委员会，非常注重青少年创新的推广。我们不但会每年举办全国独中科技创新比赛，我们也愿意派科技创新专才，到学校来协助设立科技创新中心，包括培训科技创新导师，或者是分享创新的心得。我们也在 2008 年推出了一本《创新/发明/发现小故事》的小册子，作为协助独中老师们推广科技创新的教材，进而提升同学们对科技创新的认知和兴趣。

今天到贵校来交流，也是我们推广青少年科技创新的其中一种活动。

2 科技创新的定义及其重要性

同学们：

在还没有谈科技创新的重要性之前，让我们先理解一下什么是创新？

许多人对创新本来就不太理解，加上近年来，创新这个名词，被人过分的引用，让人们对创新的定义，更加混淆。再加上，有关创新的书籍非常少，而写这些创新书籍的人，几乎都不是创新者和不懂得创新的人，这导致人们更加地难于明白创新的真正意义、创新的功效，和创新的过程。

许多人也常常将点子、创意、革新和发明，与创新混淆而用。虽然这些词语和创新都有一些关系，但创新是有它不同的涵义。

当前国际社会对于创新的定义，比较权威的有两个：

一个是 2000 年联合国经合组织提出的，它说："创新的涵义比发明创造更为深刻，它必须考虑在经济上的运用，实现其潜在的经济价值。只有当发明创造引入到经济领域，它才能成为创新"。

第二个是在 2004 年，美国国家竞争力委员会提出的，它说："创新是把感悟和技术转化为，能够创造新的市场价值、驱动经济增长和提高生活标准的新产品、新过程、新方法和新的服务"。

简单地说，创新是要有经济价值的，是要能提升人类生活与文明的水平。

对创新的说法。我想进一步地补充说：点子、创意、创造、发明、科技研发，都是创新过程中一个重要的环节。没有点子/创意，哪来创新？没有发明和科技研发，哪能扩大创新的跨度，从而取得专利保护权，和更高的经济价值。

其实，点子、创意、发明、科技研发，都是创新的源头。点子和创意可以说是一种小创新，可用处比较有局限，创造价值也比较低。革新也是一种小创新，日本的企业比较广泛和成功地应用，他们称之为 Kaizen（也就是日语的改善或改进），比如：日本的 TOYOTA 就非常成功地利用革新来不断地改善它的生产力和提升它的竞争力。发明本身也是一种创新，不过只有那些能创造经济价值，以及对人类生活与知识有一定影响的发明，才可以称为创新。

同学们，我国华裔的人口与巫裔、印裔相比，日愈减退；废除土著优先政策①，遥遥无期，加上 308 大选②过后，政局的纷扰，短期内

---

① 土著优先政策：1970 年，马来西亚总理拉扎克（Tun Abdul Razak）领导的政府提出了新经济政策（英语：New Economic Policy；马来语：Dasar Ekonomi Baru），旨在改变马来人占大多数的土著和其他种族之间的社会和经济鸿沟。在新经济政策下，土著在经济、教育和就业等方面都享有优惠。当新经济政策在 1991 年撤销后，由国家发展政策（National Development Policy）所取代。

② 308 大选：2008 年 3 月 8 日，马来西亚举行第十二届全国大选。执政的国民阵线（BN，简称国阵），虽然如往常一样赢得国会选举，却遭受前所未有的挫折。反对党组成的人民阵线，打破了国阵长期以来在国会所掌握的 2/3 议席优势，并攻下了 13 个州政府中的 5 个。

难以平定，再不巧的是，碰上了百年全球经济的严重下滑，我很担心土著优先政策与实施，不但不会逐渐的淡化，有很大的可能性会进一步的深化，华族将会承受更加沉重的压力，华族也有可能会被挤出国家经济发展的主流，甚至于变得无立锥之地。

再说在当今 21 世纪，世界贸易和投资自由化，已几乎变得毫无疆界；新科技革命也迅速猛烈地发展，正孕育着新的重大突破；能源和重要矿物资源的短缺；气候的异常变迁；近期西方自由金融体系神话的破灭，这一切，将深刻地改变各国的政经和社会面貌。

再加上由于近期金融海啸的冲击，导致了有些国家经贸保护主义的抬头，我认为，这不但不会对全球经济的复苏有什么好处，更会进一步的，复杂化本已混乱的全球政经格局。许多经济专家都预测，这全球性的经济低迷，将会拖延 4～5 年，马来西亚的经济专家也预测，马来西亚的经济要到 2020 年，才能恢复到金融海啸前的 4％～5％成长率。

为了突破我们的困境，并且为了确保，我们能够继续留在国家经济发展的主流中，扮演着一个重要的角色，以及迎接 21 世纪带来的挑战和机遇，华族肯定要自强。

如何自强？我认为其中最根本的策略，就是要依靠科技创新。

我们应该比以往任何时候，更加需要紧紧依靠着科技创新，以强化我们的竞争力和生产力，提升我们产业的经济价值链，进而推动华社在经济上，全面、协调、可持续性的发展。

同学们，科技创新对一个民族、对一个国家的发展和兴旺，对一家企业能不能够赚钱，都有着极为重要的关系。

甚至于一个民族、一个国家、一间企业能够不能够继续生存，科技创新也是扮演着一个非常重要的角色。

· 美国的国力与经济，之所以能够独领风骚多年，而居高不下，靠的就是科技创新。根据一项统计，美国上市公司的 3/4 市场总值，是无形的知识产业（intangible assets）。

· 北欧各国如瑞典、芬兰，他们的人均收入，居世界前十名之内，靠的也是科技创新。（2007 年，瑞典人的年均收入是 49655 美元，芬兰是 46602 美元，而马来西亚人民的年均收入，却只有区区的 6960 美元）

· 日本的 TOYOTA，已经在 2008 年，取代了美国通用汽车公司（General Motor），成为世界最大的汽车生产商，靠的也是不断地科研创新。比如，它在早期推出的 JIT 采购系统，为公司省下了许多库存的成本；和近年来推出的 Toyota Prius Hybrid 混合动力汽车，更在汽车制造业，独领风骚。

· 在 1999 年的时候，家庭用具公司 Whirlpool 前总裁 Dave Whitwam，推出了一个环球创新策略，他说："Innovation from Everyone and Everyway"，也就是"人人要创新，无处不创新"。几年后，Whirlpool 创造了许多新产品，公司的营业额，从 2003 年的 7800 万美元，增加到 2006 年的 16 亿美元，整整 20 多倍。现今，公司还有 500 多样可以推出市场的创新产品，这些产品一旦推出市场，可为 Whirlpool 的营业额，加多 35 亿美元。

· 近年来，一家在新兴发展中国家的建材公司，成长神速，并且利润丰厚，它就是墨西哥的 CEMEX。最近的十年，它的年均成长率和利润都递增 20%，比其他两个世界级的竞争对手，法国的 Lafarge 和瑞士的 Holcim，高出了接近两倍。在 1990 年代初，CEMEX 只是一家中小型企业，现今，它已跃升为世界第三大的水泥生产商。CEMEX 为什么能够如此神奇的成长？主要的是，CEMEX 相信创新。

在 1990 年的时候，它的 CEO，Lorenzo Zambrano，他相信要使公司能够有更好的发展前景，是依靠创新。因此，他推出了科技创新作为公司经营的主导战略新方针，并且也制定了具体的科技创新经营方案，同时他也确定公司各个部门、全体员工由上到下，都能系统化地贯彻施行。

* 我自己能够在短短的 3 年里，从零到拥有一家上市建筑公司，并在 10 年里，将业务扩展至中国大陆、中国香港、澳大利亚和东南亚各地，靠的也是科技创新。

* 中国经济强大崛起，我认为科技创新也肯定是一个重要的因素，他的幕后功臣邓小平和胡锦涛都是深信科技创新的人。邓小平主张"科技创新是第一生产力、第一竞争力"；而胡锦涛更认为："自主创新是国家竞争力的核心力量"。从 2006 年 2 月 9 日，中国国务院发布的《2006—2020 国家中长期科学和技术发展规划纲要》，我们可以看到，中国对科技创新发展的重视和决心。

* 权威性的经济杂志，经济学人（The Economist），曾经报道说："科技创新已取代了土地、能源和原料，成为最重要的资源。"

同学们，那些能比较快速走出经济低迷的国家，并能成为未来的经济强国，除了那些受这次金融风暴较低影响的国家之外，我认为必定是，那些具有科技创新优势的国家。

在评论 2006 年《中国科学和技术发展规划纲要》时，中国的人大代表赵志全先生说："创新是一个民族的灵魂。科技水平是一个国家综合国力的体现。……科技创新是一个民族进步的动力。"我认同赵先生的说法。因此，我认为创新应该成为我们华族的灵魂和进步的动力。科技水平也应该是我们华族综合力量的体现。

我深信，科技创新不单是提升华族的竞争力、生产力，它也可以保证我们，能够继续地，留在国家经济发展的主流中。更重要的是，一旦我们掌握了科技创新，我们就能够有自己的商业品牌、秘方或者是专利，整个世界市场就能够让你自由的纵横驰骋，并且可以减少和避免跟土著正面竞争国内市场。

再说，有了自己的品牌或专利，只要价钱公道，服务好，就算有土著保护政策，你还是能够有机会，积极地参与国内的市场。

马来西亚金融业信息科技的龙头老大，吴炳炜先生，他也是我们科技创新委员会的顾问，他的公司，12～13 年前只是一间小小的 IT 公司，今天他的公司拥有数十亿马币的资产，他的生意遍布世界各地，包括中国、美国、日本、澳大利亚、阿联酋、匈牙利和大部分的东盟各国，他依靠的也是科技创新。

另外一间大家耳熟能详的公司 Jobstreet.com，是在 1995 年，由 4 位留学美国麻省理工学院，志同道合的同窗同学联合创办的，2004 年在吉隆坡股票市场上市，在 2008 年 9 月最后一个交易日闭市时，它的公司市值达到 52500 万马币，2007 年的营业额是 8600 万马币，利润则高达 3000 万马币，或 40%，若以经营成本计算，它的利润则高达 60%。

Jobstreet.com 是利用信息科技，将传统的人事招聘营运法，改革成网上招聘。现在，它已经是一家知名的主要网上人事招聘公司，它的业务横跨亚洲各国，包括马来西亚、新加坡、菲律宾、印尼、越南和印度等国。

同学们，另外一点值得一提的是，科技创新靠的是自己的努力和智慧，没有人能剥夺你的创新成果，也没有任何政策能阻止你去创新。

总括一句，我认为，科技创新是能够让我们华族自强，突破困境，最好的一条出路。

3　成长过程和环境与创新的关系

环境是培养创新的重要温床。无论是在家里、在学校、在职业场所或者是社会，有一个好的和能给予辅助、鼓励以及支持的环境，对一个人创新热忱的持续、创新智慧的培育、创新能力的提升、创新能量的释放是非常重要的。

比如在家里或者学校，父母和师长们，应该对孩子们好奇的发问，或者是提出新奇的想法，给予适当的鼓励。好的新奇想法，或者是创新建议，也应该给予奖励。

为了进一步说明，环境对创新思维塑造的重要性，让我说说，我从小时候到大学的一些创造和创新经历。其实从小时候到大学毕业，我有许多创新/创造的例子，由于时间的关系，我只挑 3 个简单地说说。

在小学 4 年级的时候，有一天，我看到一位 6 年级的同学吹笛子，觉得很好听也很好玩，真想自己也能够有一支笛子，但当时我家里很穷，买不起。当天回家后，在我家屋旁的一座竹林里，我砍了一根直径与笛管大约相等的竹枝，拿回家准备用木炭烧红的三寸铁钉挖钻笛孔，被我爸爸发现，我坦白地告诉他我的想法，我爸爸不但没有责怪和打骂我，他还帮我钻了笛孔。笛子做好后，还教了我一些简单的笛子吹奏法。我不知道父亲原来也懂得吹一些简单的曲子。

在中学的时候，我观察到不管是飞禽走兽或游鱼，雄的都是比雌的漂亮，以此类推，我写了一篇《男的比女的漂亮》的作文，我的华文老师张子深先生，给了我非常高的分数，还在同学们面前，称赞我的创新思维。不过这篇作文，我得罪了几乎班上所有的女同学，他们 3 个月不和我说话，说我是怪物，只有女班长赏识我。最终，这位女班长成为了我的太太。

在大学的时候，我延伸了 Column Analogue 结构设计定理，已过世的丹斯里陈芳基教授，不单在讲堂里称赞和勉励了我，还在工程实验室里，拨出了一间冷气房让我专用，作为对我的奖赏。

我从小时候到大学的这些创新做法，不断地被肯定和赏识，奠定了我后期在工程上，多项创新和发明的重要基础，比如，我发明了被广泛应用的三角桩，和多项的创新工程设计方案等。我在短短的 3 年里，将一家只有 2 万马币资金的打桩小公司，发展成在我国股票市场，第一家上市的建筑公司，靠的就是这些工程科技的创新。

同学们，我所发明的三角桩和阶形钻孔灌注桩，是引用数学里的三角学和微积分，结合了基桩工程的设计理念，创造出来的新型基桩。三角桩除了在马来西亚广泛的应用之外，也被人在印尼和英国抄袭采用；阶梯形钻孔灌注桩也为吉隆坡的 Istana Hotel，节省了一大笔的基桩工程建筑费用。

我刚才提到的银湖集团老板，吴炳炜先生，他告诉我，从小他也是非常喜欢数学。加上他也是华校生，对易经也有深入的研究。吴炳炜先生是应用代数几何的理论和易经的逻辑思维，创造了一套新的银行软件系统，比现有西方的银行软件系统，有更强的应用性和优势。

再提一个例子：发明蒸汽机的瓦特（James Watt），小时候常常在厨房里看他的祖母做饭，看到开水沸腾，壶盖往上跳，曾经问他的祖母是什么原因。可能是因为他的祖母很忙，或者是不知其所以然，所以就不耐烦的含糊应了两句，但幸亏她没有大声地骂他，赶他出厨房，让瓦特有机会继续留在厨房里，观察和思考沸水推动壶盖的道理。他最终悟出了蒸汽推动力的原理，并在后期发明了蒸汽机，成为英国 18 世纪工业革命的主要推动力之一。

各位，如果你们希望自己的孩子能成为另一位瓦特，就应该避免打压孩子们的好奇心和发问。反过来说，长期地打压孩子们的好奇心，会毁掉他们的创新意志。

家里和学校要有一个能培育和提升孩子们创新思维的好环境，除了避免打压和给以鼓励及奖赏之外，也要在家里和学校，形成一种创新的风气和文化。

比如经常给孩子们讲创新的小故事，一方面提升他们对创新的兴趣，另一方面让他们理解创新的心路历程；或者是与孩子们探讨课题时，不要以长者教条式的指指点点，应该引导他们利用横向思维，鼓励他们提出多种不同的看法，等等。这样子，我们才有希望能为华社培养出一批未来的创新人才。

4 结语

老师们、同学们，希望你们能热烈地参与我们所举办的常年科技创新比赛；也希望老师们能利用我们出版的《创新/发明/发现小故事》，引发同学们对科技创新的兴趣、提升同学们对创新与创新过程的认识、增进同学们的创新智慧；我们也希望贵校能成立科技创新中心。

11
工程师之星——作者的事业与人生历程

简介： 马来西亚工程师学会（IEM①）的"2011 年工程师之周"，在 2011 年 3 月 19 日开幕时，特别举办了一场"工程师之星"的讲演会。讲演会的目的，主要是让一些在马来西亚各领域，取得显著成就的工程师，与年轻工程师们分享他们的成功之道。被邀参与讲演的显著成就的工程师，包括了：从事政治工作的马来西亚前交通部长翁诗杰和霹雳州前州务大臣尼察、从事工程顾问和设计的 Ooi Teik Aun 博士和 Gue See Sew 博士等、学术界的 Ow Chee Sheng 教授等。我也很荣幸的受邀，讲演有关我在工程建筑产业的创业经历。

1989 年的某一天，大学时的恩师已故丹斯里陈芳基教授（1920～1990）（图 1），突然打电话给我，告诉我：由他主持的 IEM 授奖遴选委员会，决定推荐我成为"1990 年 IEM 马来西亚工程行业贡献奖"的得奖人。

图 1　已故陈芳基教授　　图 2　作者 44 岁时

当时，该奖项设立不久，我对它毫不知情。

我问陈教授：这是个什么奖项？

陈教授解析后，我再问他：为何是我？而不是某某、某某工程师？记得当时我曾经向陈教授建议，一些我认为更值得获奖，而又比我更显著和资深的工程师。

---

① Institution of Engineers Malaysia.

不过，陈教授说，是他提名我，同时告诉我他为何这么做？他说主要是我对以下各项，做出了贡献：

- 为马来西亚钻孔灌注桩行业，提升了设计和施工技术，并推广了钻孔灌注桩的用途；
- 从国外引进多项重要的桩基础工程新建造技术；
- 研发了多项自主创新的基桩与地基工程设计方案和产品，同时向多个亚洲国家出口马来西亚的岩土工程专业技术；
- 促成马来西亚建造业的转型。

现在让我简略地讲解为何陈芳基教授会这么说。

- 在提升钻孔灌注桩的设计和施工水平，我曾经：

～与陈亲发博士工程师[①]，共同研发马来西亚各类岩土层的本地设计参数，用于测算钻孔灌注桩桩侧和桩端阻力；

～制定一套更完整的钻孔灌注桩设计与建造规范及施工准则；

～发明一种名为IFP[②]快速深基础贯入仪现场测试仪器，它能够在钻孔灌注桩开挖时，迅速、容易和准确地测出桩孔里不同泥土层的软硬度；

～大力推广钻孔灌注桩作为支承建筑物和桥梁等用途，以及率先在马来西亚引用连接排放式的钻孔灌注桩，作为挡土墙。（注：1975年我刚进入桩基础行业时，在马来西亚，只有两栋建筑物和一座大桥是用钻孔灌注桩作为它们的支承桩基础。经过我的大力推广，到了1989年，钻孔灌注桩已普遍地使用于各类建筑物和基础设施建设，并一直广泛地应用至今。）

- 我从海外引进了几项重要的新地基建造技术，包括：

～连续墙（Diaphragm Wall）。在1978～1979年，联合法国的桩

---

① 陈亲发是陈芳基教授的得意门生，也是我在大学3年级时的土壤力学导师。

② IFP是Instantaneous Foundation Penetrometer的缩写。

基础专业公司 Bachy-Soletanche，共同设计和建造了马来西亚的第一项连续墙工程项目。这项工程，是在吉隆坡市东姑阿都拉曼路，一座名为 Sri Mara（现今称为 Bangunan Medan Mara）的高层建筑物，利用连续墙建造地下室。第二项连续墙工程项目（1981～1982）也是用于地下室的建造，该地下室是 UBN 综合楼群的地下楼层建筑。UBN楼群是位于吉隆坡市中心的苏丹依斯迈路，包括一座 UBN 办公大楼、一座 UBN 高尚公寓大楼和著名的香格里拉 5 星级酒店大楼。

～ 在 20 世纪 80 年代初，再次与 Bachy-Soletanche 合作，共同设计和建造了第一场在马来西亚的微型桩（Micro-Pile）工程项目，这是用于托换一座历史悠久建筑物的桩基础工程，它位于吉隆坡市的拉惹路。托换后的老建筑物，经过翻新成了马来西亚联邦法院院所，一直沿用至今。

～ 到了 1989 年连续墙和微型桩已在马来西亚广泛地引用，而且马来西亚的工程师或建筑公司都有能力自行设计和承建。

～ 于 1979 年，为吉隆坡市郊孟沙居住小区的 3 座高层公寓楼房建筑，引进了强夯（Dynamic Compaction 也有人称它为 Heavy Tamping 重夯法）地基处理方法。强夯工具主要是用来压密该场地的填土地质构成，该地质构成是一层层又厚又充满杂乱无章的松软泥沙和硬石块。这项地质加固工程，又是再次从法国引进一家地质改进专业公司 Menard Corporation[①]，与它共同实施的。这是第一次在东南亚国家使用这种地质改进法。

～ 最后但同样重要的是，在 20 世纪 80 年代，引进了 U 形管压力注浆技术（Tube-à-Manchette）。这种压浆技术是用于强化地锚和托换法改进地质的功效。第一次引用这种技术，是在上面所提的吉隆

---

① 强夯地质改进法是在 1965 年，由法国 Menard Corporation 的创始人路易斯·梅那（Louis Menard）发明的。

坡拉惹路的微型桩工程项目；第二次引用这种技术，则是在马来西亚槟城岛槟城花园大厦的托换工程，以压力注浆加强该大厦的桩基础承载力。

• 有关我领先研发的一些自主创新的基桩与地基工程设计方案和产品，以及向海外出口一些岩土工程专业技术，让我列举几个例子：

～ 在 20 世纪 80 年代初所创新并取得专利的三角桩（Tripile），于 20 世纪 80～90 年代，广泛地用于支承在吉隆坡、雪兰莪和沙捞越州的低层与中高层建筑物，以及马来亚半岛南多段北大道的路堤。三角桩的设计理念，曾经被欧洲两大桩基础工程公司，分别在英国与印尼两地盗用。

～ 一些创新桩基础工程设计和拥有专利的 IFP 快速深基础贯入度仪，让我在国内和海外，赢得了许多大型的桩基础、地下底层结构和海事土木建设等工程项目，例如：在马来西亚登嘉楼州（旧称丁加奴州）Tanjong Berhala，几千万马币的海事工程建设；新加坡新达城（Suntec City）的 6000 万新币桩基础与地下室底层结构工程项目；中国北京三环路部分桥墩钻孔灌注桩的施工，以及北京永安里地铁站地下室底层结构及桩基础工程等项目。

～ 阶形钻孔灌注桩。这种新型的钻孔灌注桩，在相当均匀和相同结构的泥土层地质，不但能减少桩基础的建造成本，也能降低群桩基础和整体建筑物的沉降。

～ 利用连接排放式钻孔灌注桩，直接支承高层建筑物升降机坑的剪力墙，以降低升降机槽底层的建造费用。

～ 在 20 世纪 80 年代末，通过在中国大陆、中国香港、泰国和新加坡等地建立的子公司或联营公司，开始向海外出口岩土工程设计和建造专业技术，并在这些地区完成了多项的桩基础和地下结构工程等项目。

• 在 20 世纪 80 年代前，绝大部分的马来西亚建筑承包公司，都是家庭式经营的小型公司，没有适当的管理和技术专业人才，一般营业资本投入也很低。当时，民众对从事建筑承包专业的印象很差，人们经常将工程建筑承包商和诡计多端的人及骗子联系起来，并认为工程建筑承包行业工作辛苦、肮脏，以及工资低。

让我讲一个在 20 世纪 70～80 年代，流行于工程建筑承包行业界的小故事："某一天，天庭和地狱的代表相聚。他们探讨双方在未来的可能合作项目，最终决定共同建造一座衔接天堂和地狱的大桥。一年后，他们再次相会，从地狱往天堂的半座大桥已提早完工，而由天庭负责的另一半却还没有动工。在地狱代表的责问下，天庭的代表只好坦白说：我们没法动工，那是因为所有的工程建筑承包商都在地狱，在天堂没有工程建筑队伍。"

我记得，在 20 世纪 70 年代初我毕业时，假如你问任何一位工程师，他们会选择进入哪一个工程行业？他们的第一选择是成为政府部门的工程师，第二是进入工程设计和咨询顾问公司，最后才会选择工程建筑承包行业。

在 1980 年 2 月 22 日，我建立了一家工程建筑公司，专精于从事桩基础和岩土工程的业务。从公司的初创，我就下了决心，要用专业管理公司、保持高素质和符合高道德准则的设计与施工水平，同时要将公司发展成世界一流的国际机构。

在短短的 2～3 年里，我为公司建立了一个能干、高效和称职的专业工程与管理队伍。这队伍包括了在设计、施工、设备和车间等方面的专业工程师，还包括了建筑师、建筑技师、土地测量师、估价师、会计师和财经策划师等。在土木工程师的队伍里，有 4 位拥有博士资质，其中 3 位是岩土工程专业的工程师，包括被聘为我公司技术顾问董事的陈亲发博士[①]（注：当时马来西亚工程部的工程局，全国

[①] 我的老师陈亲发博士，是我在 1982～1983 年间三顾茅庐，力劝他离开平稳生活的大学教职，下海到我公司来协助，培训和指导岩土工程的年轻工程师，以及审查我公司的桩基础与岩土工程设计和施工方案——著者。

只有一个博士工程师）。

有了一支强大的工程与管理专业队伍，加上有一套正确的经营方法和方向，我公司业绩的成长，突飞猛进。在短短的 3 年，不但我公司发展成马来西亚最大的桩基础与地下结构工程建筑公司，更在 1983年，成了第一家在我国吉隆坡股票市场上市的工程建筑公司。基于此，我公司的员工过得好，工作满意度高，有更好的晋升机会和酬劳。

我们的成功，改变了人们对工程建筑行业前景的看法。紧随着我们在吉隆坡股票市场上市的步伐，Jurutama 公司、Muda Jaya 公司和 Ipoh Garden 的一间子公司，通过三间合并形成的新公司 IJM Bhd，取得了吉隆坡股票市场的上市资格；杨忠礼建筑公司也通过倒置收购另一家在英国伦敦上市的 Hong Kong Ltd，以"后门上市"（Backdoor Listing）又称"借壳上市"的方法，在吉隆坡股票市场上市。接着下来，有多家建筑公司及建筑相关行业的公司，也竞相加入上市的行列。到了 20 世纪 80 年代末，建筑公司股已渐渐地成了吉隆坡股市的重要组成部分。

看到上市后的工程建筑公司迅速发展，并看到了在工程建筑行业工作有更好的前景，工程师的心态也改变了，假如在 20 世纪 80 年代中，你再次问工程师：会选择在哪一个领域工作？这一回，他们的第一选择是工程建筑承包行业。

由于陈亲发博士是陈芳基教授的得意门生，他们经常保持联系。通过陈博士，陈教授清楚知道，那些年来我的所作所为及所取得的成果，因此他坚定地认为，我虽年轻，我应得奖。我是在 44 岁时得到 IEM 工程专业贡献奖。我非常荣幸，我是第二位获得 IEM 颁授此奖项，我也感到自豪，因为 21 年后，我还是最年轻获得此奖项的工程师。此奖项得奖者的平均年龄是 57 岁，最老的是 76 岁。

IEM　　工程专业贡献奖的历年得奖者　　　　　表1

年份	得奖者	得奖年龄
1989	TAN SRI DATO'IR.(DR)SHAMSUDIN ABDUL KADIR	57
1989	IR.HONG LEE PEE 洪礼璧工程师	44
1993	DATO'IR.PROF.DR MUHAMMAD RIDZUAN BIN HAJI SALLEH	50
1994	TAN SRI DATO'IR.(DR)WAN ABDUL RAHMAN BIN YAACOB	53
1995	TAN SRI DATO'IR.HAJI SHAHRIZAILA BIN ABDULLAH	57
1996	DATO'DRIR.AHMAD TAJUDDIN BIN ALI	47
1997	DATO'IR.ZAIDANBIN HAJI OTHMAN	64
1999	TAN SRI DATO'IR.OMAR BIN IBRAHIM	55
2000	TENGKU DATUK IR.DR MOHD AZZMAN SHARIFFADEEN	54
2002	DATO'IR.HAJI KEIZRUL BIN ABDULLAH	51
2003	IR.HAJI ZAINI BIN OMAR	54
2005	TNA SRI DATO'IR.MUHAMMAD RADZI BIN HAJI MANSOR	64
2006	ACADEMICIAN DATO'IR.LEE YEE CHEONG	68
2007	DATO'IR.DR WAHID BIN OMAR	56
	AVERAGE：	57

除了上面所提到的一些成就，我还继续将公司发展成为一家，拥有4家上市公司的跨国大企业，并在中国大陆、中国香港、一些东盟国家、澳大利亚和美国等地，都有我们的业绩。在1998年，从企业界退下来后，于2001年8月，我再次荣幸地成为第一位私人界人士，被委为马来西亚社保机构（Social Security Organization）主席，并连任了4届8年。马来西亚社保机构，相当于中国的人力资源和社会保障部，该机构是马来西亚国会底下的法定机构，其主席一职，在我之前，一路来是由人力资源部的秘书长或刚卸任的秘书长出任。

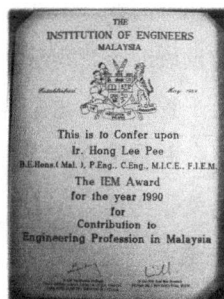

图3　IEM工程专业贡献奖奖状

在这里，你可能要问：是什么原因促成我能达至上面所提的一些不俗的成就？

我概括有两项最主要的因素，这就是：

① "预前筹划"（Forward Planning）；

② 我相信创新。

时间不允许我详细讲解这两个因素。刚才我已简单地介绍了，创新如何协助我争取到一些大工程项目，以及协助我公司业绩的成长，因此，我将利用剩余的时间，和各位谈谈"预前筹划"如何成功协助塑造我的事业与人生。

选择桩基础和岩土工程领域作为我的第一项创业，并非是偶然或巧合。

远在 20 世纪 60～70 年代，还在学院和大学念书时，我已筹划让自己未来成为一位桩基础及岩土工程师，并希望有一天能拥有一家桩基础和岩土工程建造公司。这是因为：当时我就晓得，土壤力学和岩土工程学还是一门相当新的工程学科，将来会提供许多发展和创新的机会；在那时候，我也了解到，我国是一个刚起步发展的国家。当国家向前发展时，肯定会不断兴建更多的各类建筑物和基础设施，造成对岩土工程专业人才的需求，同时，也会带动桩基础和岩土工程行业的发展，并带来许多大好的商机。

这就是为何：

～ 在马来亚大学求学时（1970～1973），我不但专注于土壤力学的学习，也特地挑选陈芳基教授作为我的毕业论文导师，并以桩基础作为毕业论文的研究课题（注：陈芳基教授是马来西亚当时最资深的土壤力学和桩基础工程学学者）；

～ 毕业后，政府实行强制性服务制度①，我被派往马来西亚森美兰州芙蓉市工程局，在工作报到的当天，我就说服了州工程局长拿督 James Ponudrai，让我尽可能在服务期间，能参与州内所有桩基础工

---

① 在 20 世纪 70 年代初，由于当时土木工程师短缺，马来西亚政府硬性规定：所有刚毕业的土木工程师，都必须在政府部门或法定机构服务最少两年。

程的工作；

～ 完成了强制性服务，我决定进入私人工商企业界工作，并为了能取得桩基础设计与施工和承包的实际经验，我选择了 SEA Driller，这是 3 间提供工作的公司，给以最低薪酬的一间（表 2）；从 1975 年 5 月到我自创公司的 1980 年初，超过了 4 年半不短的时日，在 SEA Driller 工作，让我在桩基础的设计、施工、投标报价、营销和公司管理等方面，扎下了稳固的根基，也被我国有关的各界，肯定了我在桩基础工程方面的专长地位；

表 2

提供工作的公司	工作协助	薪金（马币）	备注
Exxon（岩油钻探公司）	泥浆工程师	1800	在海上探油台工作
MINCO（工程顾问公司）	材料测试工程师	1600	在大道工地材料试验室工作
SEA Driller（桩基础专业承包公司）	桩基础工程师	1300	工作包括：设计、施工、投标报价和营业管理等

～ 在初创公司前，我就为公司的未来 5 年，定下了一个 5 年发展计划；我在上面所提到的，如：以从事桩基础和岩土工程行业经营为主，成为公司的一项专长；让公司发展成最大的桩基础工程公司，并在吉隆坡股票市场上市等，都是这 5 年计划内的一部分。

在这里，你可以看到，在我的事业规划与发展过程中，早在大学时已开始，一路来都是预前规划、定下目标、努力向前。

其实，被委为社保机构主席，并在马来西亚的多个华人社团担任要职多年，如中华总商会总财政和华人经济咨询理事会总秘书等，以及在近期，于 2009 年年末被推选为东盟工程科技院院长，这都是跟我在人生的历程有了预前规划，息息相关。

　　许多人非常惊奇，为何我会在 51 岁从企业界退下来？中国有句古语：人生 70 古来稀，意思就是说，一般人很少活过 70 岁。当然，以现今比较好的生活环境，以及保健与医疗，应该会比较长寿。然而，根据 2007 年世界卫生组织报告，最长寿国家，男 80 岁、女 86 岁，而中国也只有男 71 岁、女 74 岁。早在我念中学时，我就将我的一生分作 3 个阶段，以 70 岁来算，每阶段大约 23～24 年，第一阶段是求知，第二阶段是为事业，第三阶段是回馈社会。51 岁从企业退下来，是我遇到一些不得已的情况，延迟了几年进入人生的第 3 阶段。退下来后，当有人问起，我常说：我还是工程师，不同的是，以前我是为事业为生意为自己而忙的建筑工程师，现在我是为大众为社会而忙的社会工程师。

　　缺少了人生的预前规划，我可能会像其他的企业领袖一样，忙碌到七八十岁或更老，那我可能就没有机会当上社保机构主席、东盟工程科技院院长或其他社团要职，这些非常有意义的角色。

12
绿色增长

2011 年 4 月 15 日在中国南京理工大学的专题讲演

提要：探讨应对"气候变化与人类生活活动"及"调和经济发展与环境和资源可持续性"的问题，一些国家引用的应对发展战略理念，包括：理念形成的缘由、各战略理念的强点与不足。同时谈谈，成功实施各理念的发展战略共同所需的三大支柱：政策与制度、人力与财力、科技与创新，并进一步讲解，与同学们的前途有密切关系，以及同学们应该关注的绿色人力资源、绿色产业、绿色科技、绿色科研和创新。

这几年到学校来做报告，希望通过这些报告，能够协助同学们寻找适合于自己发展的途径；能够协助同学们寻找一条比较容易成功的发展道路；能够协助同学们寻找一份比较良好前景的事业。

今天也不例外。今天要和大家探讨的课题，"绿色增长"（Green Growth），是一个比较新的发展理念；是一个 21 世纪重要的可持续经济发展战略；更是 19 世纪工业革命以来，另一项对人类文明产生重大影响的革命。希望今天的探讨，能让同学们对这理念有所认识，以后能在绿色增长带动下的变革中，捕获良好的发展机遇。

同学们，让我先和各位谈谈，促使绿色增长新发展概念形成的一些历史背景。

从 20 世纪 70 年代之前的气象观察，发现世界上不少区域，频繁出现了以往罕见的异常气候现象，带来了反常的严重干旱和大量降雨，给许多国家造成了严重的灾害。人们开始意识到，人类毫无节制的发展和活动，对地球的自然体系，尤其是全球气候，已经产生了严重的干扰和破坏。许多科学家认为，再不节制的话，这将导致各地遭受到不可逆转的破坏风险，各国人民也将会不断地遭遇到灭顶之灾的威胁。

认识到气候变化问题所产生的灾害，以及人类活动导致气候的异常变化，这种相互影响的利害关系，促使了 1974 年联合国大会的第六届特别会议，责成世界气象组织（简称：WMO），承担气候变化的研究。

WMO 于 1979 年 2 月举办了第一次世界气候大会（First World Climate Conference）。大会主题是"世界气候大会——气候与人类"，由来自 50 多个国家的专家参与，共同探讨和审议气候变化，以及全球经济和社会活动的相互作用与影响。与会者不仅限于气象学家，还包括了来自各不同相关科学与科技领域的学者们专家们。因为，缺少了国家政要和政府官员的参与，这次的气候大会也可说是科技专家会议。大会通过"世界气候大会宣言"，奠定了气象与人类生活互动和互相影响的科学知识基础。宣言也促使 WMO、联合国环境署（简称：UNEP[①]）和国际科学联盟理事会（简称：ICSU[②]），联合建立一个跨机构共同负责的"世界气候计划"（World Climate Programme），包括业已取得了高度成就的"世界气候研究计划"（World Climate Research Programme）。大会更推动了"政府间气候变化专门委员会"（Intergovernmental Panel on Climate Change，简称：IPCC）于 1988 年的成立。

11 年后，于 1990 年 10 月，举办了第二次世界气候大会（Second World Climate Conference）。这次大会由 WMO 主办，与 UNEP、IC-SU、联合国教科文组织（简称：UNESCO[③]）、联合国粮食与农业组

[①]　United Nations Environment Programme.

[②]　International Council of Scientific Unions.

[③]　United Nations Educational，Scientific and Cultural Organization.

织（简称：UNFAO①）等机构共同发起和组织。第二次世界气候大会，一共有137个国家和70个国际组织派代表出席。这次大会，除了有科学界与科技界的学者和专家，还有各国的政府官员，以及接近80个国家的首脑或部长与会。大会的主题是"全球气候变化及相应对策"。

与第一次世界气候大会不同的是，第二次世界气候大会分两阶段进行，探讨的范围更广，会议的规格更高，会议的影响力也更深远。第一阶段是科技会议，有116个国家的747位科技界人士出席。科技会议主要是通过大会声明，修正IPCC的评估报告和确认报告中的主要论据，同时也认可和批准了IPCC两年来的工作成果。第二阶段为部长会议，有多位国家首脑和高级代表发言，包括了西方先进国的英国总理"铁娘子"撒切尔夫人（Margaret Thatcher）和法国总理洛卡（Locka），地中海岛国马耳他（Republic of Malta）总理阿卡米（A Kami）和太平洋岛国图瓦卢（Tuvalu）总理裴纽（Paeniu），中东阿拉伯世界的约旦国王侯赛因（King Hussien of Jordan），第三世界的中国国务委员宋健等。部长级会议的发言和讨论，反映出各国在气候变化问题上的不同观点，先进国、产油国、第三世界国家和岛屿小国，有各自的利益和优先考虑点，以及不同承担能力。为了减免不同利益和不同承担能力所带来的矛盾，部长会议最终选择了"共同但有区别的责任"的原则，要先进发达国家承担起更大的处理气候变化问题的责任。我认为：这是一个公平的原则，因为没有理由要发展中国家去承担，由先进发达国家在以往发展褐色经济时，造成的污染后果。

通过第二次世界气候大会的"部长会议宣言"，加强了国际社会和各国政府的政治意愿和承诺，共同应对和解决气候变化问题。大会

---

① United Nations Food and Agriculture Organisation.

也敦促各国，通过 IPCC 增加对气候研究的支持，以及推动建立全球气候观测系统（World Climate Observation System GCOS）[①]，作为加强对全球气候的检测。

同时，以 1990 年 IPCC 提供的气候变化评估报告的分析和结论，作为科学依据的基础，呼吁建立一个"气候变化框架公约"，作为指导各国以"共同但有区别的责任"和各自的能力，为当代和后代人类的利益保护气候系统。

经过一年三个月的谈判（1991 年 2 月～1992 年 5 月 9 日），第二次世界气候大会建议的《联合国气候变化框架公约（UNFCCC[②]）》终于落实，于 1992 年 6 月 4 日在巴西里约热内卢，正式开放供各国签署。到了 6 月 14 日，共有 153 个国家和欧洲共同体签署了公约，其中 71 个是由国家元首或政府首脑签署，包括了前中国总理李鹏。到了 1997 年 12 月 1 日，公约签署国已增加至 171 个国家。显而易见，各国对气候变化所带来的破坏的重视，以及对所应承担的责任，有了更深一层的认识。为了将大气层中的温室气体含量，稳定在一个适当的水平，进而防止剧烈的气候变化，对人类造成伤害，由公约参加国在日本京都，举行了三次的连续会议，于 1997 年 12 月制定和通过了一项公约的添加条约，命名为《京都议定书》（Kyoto Protocol，又译《京都条约》）。该条约于 1998 年 3 月 16 日～1999 年 3 月 15 日，开放签字，共有 84 国签署，并于 2005 年 2 月 16 日，开始强制性生效。到了 2009 年 2 月，一共有 183 个国家签署和通过了该条约，可惜的是，温室气体排放大国的美国，虽然身为公约签署国，却拒绝通过签署该

---

①　由 WMO、UNESCO、UNEP、ICUS 和 IOC（Intergovernmental Oceanographic Commission，政府间海洋学委员会）联合建立于 1992 年的 GCOS，侧重于利用卫星和原位观测大气层与海洋中及陆地上的全球气候，为世界提供有关全球总的气候系统的全面信息，包括了多学科范围的物理、化学和生物特征，以及大气层、海洋、水文、冰圈和陆地的形成经历。

②　UNFCCC：United Nation Framework Convention on Climate Change.

条约。

第一次和第二次世界气候大会的论坛和宣言；一系列的 IPCC 评估报告①；全球气候观测系统带来了让人越来越不安的信息，以及京都条约的强制性减排目标，这一切，让世人清楚地认识到，应该更加重视气候异常变化造成的灾害，以及推动环保的迫切性。

加上近期的二三十年来，为争夺化石燃料引发战争②，以及气候变化引发的自然灾害，有愈演愈烈的倾向。战争动乱和逐渐枯竭的化石燃料资源，导致石油和天然气价格不断高涨，使到农业化肥和粮食运输费用飙升，带动了粮油和食品价格，节节高升；更糟糕的是，严重和频繁的大水灾与旱灾，造成粮食歉收，进一步地将粮食价格推高到前所未有的水平。

再加上，第三世界人口大国，共占据世界人口 43%③的中国、印度、印度尼西亚和巴西四国，它们近期的崛起，大力推动了经济与社会的发展，造成能源和粮油与食品需求量的快速增加，同时也大量提升了温室气体的排放。

这些让人不安的信息和因素，唤醒了政界、学术界、工商界，甚至于许多国家的一些非政府组织和社会人士，知道以往褐色的经济与社会发展和生活方式，是不可能不更改，或者是毫无节制地延续下去。

基于刚才所谈的这些背景，许多新概念、新政策和新发展策略应运而生，例如：碳足迹；低碳科技、低碳能源、低碳经济、低碳发展、低碳生活与社会等；绿色经济、绿色科技、绿色材料、绿色能源、绿色建筑和绿色城市等，以及循环经济和循环型社会等。

---

① 1990，1995，2001 和 2007 年 IPCC 气候变化综合报告。

② 例如：五次的中东战争、波斯湾战争、苏丹内战，以及近期北约成员国对利比亚的联合军事行动。

③ 根据维基百科 2011 年收集联合国和各国的人口统计数据。

低碳经济的发展概念，是最早发现于英国政府公布的 2003 年能源白皮书。循环经济一词是美国经济学家博尔丁（Kenneth E Boulding），受到宇航飞船实现船内资源循环，以及尽量减少废物排放，得以延长飞航寿命的启发，在 20 世纪 60 年代，谈生态经济时提出的。绿色经济概念，是英国经济学家皮尔士（David Pearce），在他 1989 年参与出版的《绿色蓝皮书》中率先发表。

今天我们要谈的"绿色增长"，与绿色经济有诸多相似或有共同的理念。它是一个应对气候和推动环保，以达到可持续性发展的理念，具有更针对性、更全面性和更广泛涵盖性的战略。自 4～5 年前，由联合国亚洲及太平洋经济社会委员会（UNESCAP①）推广以来，"绿色增长"的理念，已渐渐地更受一些国家的欢迎和引用。"绿色增长"理念相对来说，是一个比较新的发展战略理念，至今只引用了短短的 6 年。它是根据韩国实行环保，同时又能促进经济发展的经验，开发出了一套新的经济发展模式，着重于环保与经济发展的调和。它比早期的可持续性增长，以及近期的低碳经济、绿色经济和循环经济等发展模式，有更广的涵盖性和简洁明了。它是在 2005 年第五届"亚太环境与发展问题"部长会议（MCED 2005）②，由韩国在会议期间提出，并被会议接纳和通过，成为会议成果的《首尔绿色增长倡议》（Seoul Initiative Network on Green Growth）。

会议后，UNESCO 根据韩国的初创"绿色增长"理念，同时，糅合了其姐妹组织 UNEP 提倡的部分绿色经济理念，再加以组织、整理和完善，终于形成了一套相对完整的新发展战略。联合国组织认为，新的"绿色增长"战略，是一项能促进达至可持续发展的区域性

---

① UNESCAP: United Nations Economic and Social Commission of Asia and the Pacific.

② MCED 2005 是由 UNESCAP 主办。于 2005 年 3 月 24～26 日在汉城举行。有 500 位来自 52 个成员国与附属成员国的代表与会。这是第一次在亚太区域举办的，专注于环保与经济发展综合效益的会议。

战略，并将战略重点列为：

～ 提倡要能保持或恢复环境质量和生态完整性的 GDP 增长，同时，满足众人的需求时，必须减少或减免对环境的影响；

～ 设法最大化的经济产出，同时最小化生态的负担；

～ 设法推动社会生产与消费方式的根本改革，以达至经济增长与环境可持续性的调和。

图 1　韩国扩大对绿色科技研发、科技和环保产业的投放，尤其是对核心技术研发的投入

作为"绿色增长"倡议国的韩国，于 2009 年，正式采纳"绿色增长"战略作为新国策，并于同年 2 月，成立以总统为首的"绿色增长"委员会，负责执行"绿色增长"战略，包括制定了一个 5 年的《绿色增长》发展计划（2009～2013）。在 5 年的发展计划里，韩国期望通过绿色人力资源和绿色科技的发展及其水平的提升，使韩国能成为绿色大国。韩国致力于提升其各领域的绿色科技水平，从其现有的 50%～70% 的科技水平，于 2012 和 2020 年分别达到西方先进国的 80% 和 90%；扩大其全球绿色科技市场占有率，于 2012 年达到 7% 和 2020 年超过 10%，从而在未来创造出 160 万个绿色工作岗位；提高其 2012 年的环境可持续性排名，达到经济合作与发展组织（简称：OECD[①]）成员国的前 20 名，以及能够排在 2020 年环境可持续性指

————————

① OECD：Organisation for Economic Co-operation and Development，共有 34 个成员国，大部分为先进国。

数（简称：ESI[①]）的前 10 名。为了达到这些目标，韩国扩大对绿色科技研发、科技和环保产业的投放，尤其是对核心技术研发的投入。它将在这方面的投资总额翻一番，从 2008 年的 1.8 兆韩元，提升至 2012 年的 3.6 兆韩元，甚至会更高。

近年来，亚太经合组织（APEC[②]）成员国逐渐加快抓紧采用"绿色增长"，作为国家未来经济发展的新战略。目前"绿色增长"也成了 OECD 成员国首选的重点发展策略。

针对解决气候变化与人类活动的问题，虽然亚太国家和 OECD 成员国，已经有倾向采纳"绿色增长"，作为未来的发展战略，我也认为这是一个比较明智的选择。不过，西方国家，尤其是欧盟的先进大国，还是延续采用一些其他的发展理念，例如：由皮尔士提倡，后由 UNEP 推广的绿色经济；英国政府提倡的低碳经济；由欧盟委员会（简称：EC[③]）推出的"里斯本经济增长与就业策略"（Lisbon Strategy for Growth and Jobs），重点涵盖了绿色经济和绿色创新。

工业大国德国采用的生态化产业政策（Ecological Industrial Policy），侧重于经济成长与资源消耗脱钩；而东方的两个经济大国，中国和日本则是采用了循环经济的发展理念，日本是在 20 世纪 90 年代初，最早采纳循环经济的发展策略，中国则于 2002 年，通过第十六届中国共产党全国代表大会，提出了重视循环经济的发展模式。可惜的是，经济第一大国和排放大国[④]的美国，至今尚未有一套完善的应对气候变化、调和环境可持续性与经济发展的战略理念。

基于不同的国家资源、不同的生活习俗、不同的政经与社会结构、不同的发展程度与步伐，各国采用了不同的发展理念，是情有可

---

① ESI：Environmental Sustainability Index.

② APEC：Asia-Pacific Economic Cooperation.

③ European Commission.

④ 美国一路来是温室气体排放的第一大国，直到 2007 年才被中国超越。

原的。然而，这些不同的理念，各有其强点与不足。

低碳经济理念主要是应对气候变化的问题，其战略重点是减低或减免过多人为的温室气体排放，尤其是二氧化碳的排放，它对土地与水资源的节约与污染鲜少着墨。发展循环经济，主要是以缓解经济增长和资源环境之间的尖锐矛盾，作为重点发展战略和目标的出发点，因此，日本提出了添加环境保护法与建立循环型社会，作为与循环经济共同发展的重要配套。绿色经济的发展概念，主要是着重于生产与消费方式的变革，以促进经济发展与环境可持续性的调和，也带有相当浓厚为增强市场竞争力的韵味。EC 所提倡的，是以绿色经济的理念为主，并兼顾了欧盟所担心的就业问题；而德国所提的却偏重于保护其工业大国的地位。

虽然，"绿色增长"理念已渐渐地成为一个热门的政治课题，但这理念的定义还是有一些笼统。一些国家认为过度的强化应用"绿色增长"战略，这会导致经济与社会发展步伐的放缓，甚至于萎缩。假如"绿色增长"理念能够添加吸纳低碳经济、循环经济、循环型社会等其他理念的长处，加上强调让不同国情和不同承担能力的国家，能够分阶段实行；进而将它加以补充和完善，使它更充实，以及更详尽地显示出理念的内涵与列出落实步骤，这将使"绿色增长"成为一个未来全球通行的新发展战略，更能让发展中国家和弱小国家接受和参与。

我个人比较属意"绿色增长"战略的理念，是它在应对气候变化与人类活动，以及在调和经济发展与资源及环境可持续性的问题方面，其涵盖层面比较广，含义更深也更容易明白，例如：改用绿色经济→循环经济和绿色社会→循环型社会。另外一点是：利用［绿色］或［绿化］，叙述或形容在这一方面的课题或东西，会更具体和简洁明了，例如：绿色产业、绿色能源、绿色产品、绿色材料、绿色标签、绿色交通、绿色建筑、绿色城市、绿色人力资源、绿色工作岗位、绿色生活方式、绿化经济、绿化生产程序，等等。

图 2　日本早稻田大学外的废物循环箱

图 3　装置于德国民宅上的太阳能光电板

　　不管是绿色增长、低碳经济、循环经济、循环型社会、绿色经济，以及环境保护，要实行这些战略理念和达至其既定的目标，它们各自都要具备一些特定条件，以及能够符合一些特定的需求，它们都要有一套支持性的政策和法规、足够的人力与财力资源，以及掌握关键性科技与科技研发和创新的能力与能量。更形象化地来说，政策和法规、人力与财力、科技与创新，是成功实行和落实这些发展战略的三大支柱。

　　政策与法规是政府的职责，资金的投入需由政府与私人企业界共同承担，而人力资源和科技与创新，尤其是绿色的人力资源、绿色科技与创新，却是跟同学们、毕业后的年轻工程师们，有着切身的关系。今天我会和同学们谈谈后面这两点。希望能给同学们提供一些有关这方面未来发展趋势的信息，让同学们能做好预先的准备，使自己能掌握

图 4　政策和法规、人力与财力、科技与创新，是成功实行和落实这些发展战略的三大支柱

更好的机会，进入绿色工作岗位，参与绿色经济、绿色产业，或者是参与建设绿色社会的工作。

　　中国有许多高等院校，只要部分院校添加设立绿色经济、绿色产业、绿色科技，以及绿色材料等科目的课程与研究，加上全球在这方

面，已有多位著名的华人、华侨专家学者和企业人士，如果能够取得他们的协助，中国一定能够在 3～5 年间，或在更短的时间内，为中国发展绿色增长的需求，培育出一大批绿色人力资源。

上面提到积极推动绿色增长的中国邻邦韩国，为了满足发展绿色增长，创出了 160 万个绿色工作岗位，以应对绿色人力资源的需求。韩国劳工部长任太熙（Yim Tae-Hee），于 2008 年 4 月 20～21 日，在华盛顿召开的 G20 劳工与就业部长会议，发表演说时提到：……将在 5 年里投下 10 亿美元，率先在绿色产业，包括绿色能源和环保等领域，培育出 10 万名的核心专家，同时改变政府大专学院，更专注于培训绿色人力资源，也通过国家技能资格验证制度，强化协助员工，从衰退产业转向前景光明的绿色产业，以及不断对员工进行改进，让他们掌握好绿色技能和从事绿色工作的能力。

近期，中国大力推动"循环经济"理念，作为调和经济增长与有效的资源运用，以及环境可持续性的主要发展战略。十一届全国人人第四次会议，温家宝总理在他的 2011 年政府工作报告中指出：在"十一五"时期，五年来，中国扎实推进与循环经济息息相关的节能减排、生态建设和环境保护。……大力发展清洁能源……温总理也提到，近两年，中国在节能减排和生态建设，实施了新增投资计划，据环境保护部国际合作司副司长岳瑞生说，近两年的新增投资高达约 2100 亿元人民币，这比韩国在这方面同期投资的 1.8 兆韩元（约 106 亿元人民币），高出了 19.8 倍。

从《国民经济和社会发展第十二个五年规划纲要》，我们可以看到，中国将加大力度发展循环经济，以及设定明确目标，加快扎实推进，与循环经济有密切关系的节能减排、资源节约和生态建设等[①]，

---

① 我将温总理在大会上，提交审议《国民经济和社会发展第十二个五年规划纲要（草案）》时，有关这方面的讲话，摘录在附件一，以供参考。

以及推动应对气候变化和环境保护的重点工程，作为中国未来五年，其中一项极为重要的发展任务。综观中国在这方面，近两年和未来五年的投放和推动，假如韩国能以 4 年 200 多亿元人民币的投资，创造出 160 万个绿色工作岗位，那中国肯定会创造出 3200 万个绿色工作岗位或更多。

在这里，我要呼吁南京理工大学，如果我们还没有专注于绿色人力资源的培育和科研，我们要尽快地改革；如果有的话，也希望能够结合国外在这方面有专长的专家学者、高等院校的力量，加大力度推动和提升，这将协助国家，培训未来极其需要的绿色专才和核心专家。我也希望同学们或年轻的工程师，加重在这方面的培训，这将对你们未来的出路，会有很大的帮助。

接下来，我要和各位谈谈，那些绿色科技、绿色科研领域和绿色产业，会有更好的发展潜能。我将从简入繁，由易到难。也就是说，我先谈比较容易掌握，比较容易取得成果的绿色科研和绿色工作，最后才谈需要复杂深奥的高新科技，以及大量资金投入的绿色产业和绿色工程。

1 能效与节能（Energy Efficiency & Conservation，简称：EE&C)

有些西方前卫的绿色倡导者，鼓吹"Going Green is Green"，即是"绿化行动能省钱能挣钱"，英语的 Green 除了是绿色，也代表美金，所以，也可以说是"绿化行动有美金"。其实，以目前的科技，除了 EE&C，一般的绿化行动都会增加成本。只有 EE&C 的绿化行动，就像西方谚语所说的，是"低垂的果实"（Low Hanging Fruit）——容易达到实惠的成果，能以低投资成本，取得高经济回报。

根据国际能源署，2008 能源科技展望的蓝图情景，必须通过

EE&C 贡献 1/3 总温室气体减排的协助，才能达到 2050 年定下的减排目标。这意味着，必须在 EE&C 方面，展开更多的工作，如在交通、产业和发电业等领域的 EE&C。同时也必须在公共场所、商业楼房和居住建筑物，进一步实施节能和降耗。这提供了广泛的业务创新和发展机会，也带来了产品和科技的研发、改进和创新的机会。

以下略提几个例子：

• 更清洁的交通工具方面的科技研发。或者可仿效一些成功开发省油或电动汽车的公司。他们的显著成就，吸引了著名风险投资基金大资本家巴菲特和比尔·盖茨的投入。例如得到了巴菲特垂青的广东比亚迪电动汽车公司。

• 发展适合于不同类型气候的绿色材料、绿色科技和绿色产品。

• 应用信息技术于 EE&C 在供求面的管理。

• 为提升公共场所、商业楼房、居住建筑物和工业设备与工厂的 EE&C，提供一揽子设计—建造—管理整合解决方案的咨询服务。

2 可再生能源

可再生能源一般指的是水能、风能、太阳能、生物质能、地热能和海洋能等。这是一种取之不尽，用之不竭的清洁能源，是世界各国为应对气候变化，建设生态环境，共同采取的重要发展战略之一。

中国有丰富的可再生能源资源。

据中国环境保护部 2009 年 7 月份的报道，全球江河的理论水能资源是 48.2 万亿度，可开发的水能资源只有 19.3 万亿度，而中国江河的理论水能资源蕴藏量和可开发的水能资源，约占了全球的 14.3% 和 19.8%。

根据中投顾问产业中心，2010～2015 年中国可再生能源市场投资分析及前景预测报告，非水的可再生能源，包括了风能、太阳能、海洋能、地热能和生物质能源，中国有相当丰富的资源。据西方风电迅速发展国如德国、丹麦、西班牙等国的类比分析，中国可供开发的风能资源量，可能超过 30 亿 kW；中国太阳能较丰富的区域占国土面积约 2/3 以上，每年地表吸收太阳能能量大约 1.7 万亿 tce[①]（等于 1t 标准煤当量）；技术上可供利用的海洋能源资源量，中国只有大约 4 亿～5 亿 kW；中国地热资源的远景储量预计 1353 亿 tce，目前探明储量为 31.6 亿 tce；中国现有生物质能源包括：秸秆、薪柴、有机垃圾和工业有机废物等，资源总量达 7 亿 tce，通过品种改良和扩大种植，生物质能资源量可以在此水平再翻一番。

中国的再生能源发展，已渐渐赶上世界先进国，尤其是水能与风能。在近期，中国水能源更是又好又快的发展，中国水能的可开发装机容量和年发电量，都已超越他国，均居世界之首[②]；2010 年全球风电装机累计达 2 亿 kW，其中中国 3600 万 kW（18%），一举

图 5 中国水能的可开发装机容量和年发电量，都已超越他国，均居世界之首。图为三峡大坝

超越美国的 3300 万 kW，跃居全球第一。中国的风机企业也已经迅速崛起，中国的华锐、金凤和东方，分别占 2010 年全球风电整机产销量十大排行榜的第三、第五和第七位[③]。

全球可再生能源的投资，2010 年再创新高，总投资额高达 2430 亿美元的创纪录水平，其中中国投入了 544 亿美元（约占 22.4%），

---

① 1tce＝813.89kW。

② 根据中投顾问产业中心的"2010～2015 年中国可再生能源市场投资分析及前景预测报告"。

③ 根据美国再世能源调查顾问公司 BTM Consult，Washington。排名第一是丹麦维斯塔斯（Westas Wind Systems）、第二是美国通用公司、第四是德国 Enercon gmbh、第六是西班牙 Gamesa Corporacion。

包括了投入 450 亿美元的风电项目，规模居各国之首。虽然中国的水能与风能发展，已居世界之冠，但现今两者的发电量，与其可开发资源蕴藏量相比，还有很大的发展空间，尤其是现今已占总水电装机容量 1/3 的小水电，在中国偏远乡区的村镇，特别是在西南地区，有很好的发展潜能；还有，中国目前生产风电整机，总体生产技术落后于美欧 2～3 年，这将提供科研和技术研发的机会。

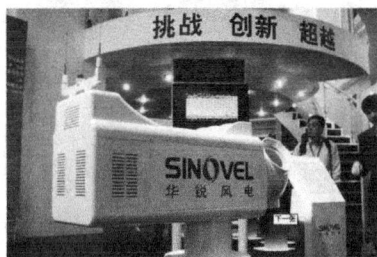

图 6　中国的华锐、金凤和东方，分别占 2010 年全球风电整机产销量十大排行榜的第三、第五和第七位

图 7　中国已成为全球最大风电装机国

目前世界太阳能热水器产量和安装量，中国第一，太阳能光伏电池，中国制造占全球总产量 40％，也是中国第一，这在节能减排，为全球做出了重要的贡献。然而，中国太阳能热水器用户比例，与以色列和日本等国相比还是很低，光伏电池国内装机量也只有其生产量的 5％。这可以说，中国国内太阳能热水器和太阳能光电应用市场尚未形成，还有很大的发展空间。

中国目前的太阳能热水器工业，虽已相对成熟和发达，不过我认为，基于未来国内外巨大市场的需求以及海外厂商的竞争，必须在生产技术和成本节约、品质、产品设计方面加以改进和提升，展开更多的科研、技术研发、创新产品和设计等工作。例如：20 世纪 80 年代后期，清华大学研发的全玻璃真空管热水器，现今已经占了市场销售量约 35％，其性能高、结构简单，是一个产品科技创新的好例子。

图8　太阳能光伏电池，中国制造占全球总产量
40%，也是中国第一

图9　太阳能热水器

中国国内光伏电池装机量极低的原因，主要是：利用光伏电池发电的成本，比利用风能、水能、常规化石燃料发电，一般要高上3～4倍或更高，以及太阳能发电上网电价政策还没有落实。

然而，上网电价政策没有落实，那是因为政府担心政策过早出台，会像风电一样引发爆发式增长，在成本还没下降，以及配套政策还没完善之前，政府需要大量补贴，也害怕导致发生类似风电并网难，像风电一样出现发展瓶颈等问题。

世界上光电生产成本高，包括中国，最重要的原因是生产光伏电池的成本高。中国是生产光伏电池第一大国，有10多家大厂在美国上市，2010年它们各自的光伏电池出货量均超过1GW，照理说，这些大厂家，应该有规模经济（Economy of Scale）的效益，使其生产成本下降，那为什么成本不降反而有上升的趋势呢？这主要是因为，中国光伏电池生产线的核心设备、关键配套的多晶硅材料要依靠高价进口，以及生产能力和产品综合能耗，制约了成本进一步的降低。因此，如果要降低成本，促使光电电价上网政策尽快落实，一是要提升生产能力和减低产品综合能耗；二是要加快自主开发多晶硅材料和生产线的核心设备，以及自行建立海外终端销售网，以此铲除企业界一直疾呼的"两头在外"痼疾[①]。

图10　未来太阳能的新发展方向

太阳能薄膜电池、太阳能空调降温、太阳能热发电的塔式与碟式系统，这些都是未来新的发展方向。以中国拥有巨大的太阳能资源，加上中国人的创新智慧，我相信除了刚刚提过的三项新的发展方向，将会创造出更多利用太阳能资源的发展方向。

中国的高温地热能、海洋能和生物质能等资源的开发，还处于刚起步的发展阶段，虽然它们的能源资源，没有太阳能资源丰富，但却能为中国提供更多样化的可再生能源发展。

有一点要注意的是，虽然风能与太阳能是可再生能源的两大资源，但可惜的是，它们不像化石燃料电站或核能电站，能日以继夜提供稳定的发电，目前它们还不能成为主要的供电来源。因此，提供机会研发新的高效大型储存光电的电池、太阳热能保温器，以及转换光电用于生产其他能源的用途，如生产氢能源等。

3　绿色交通

根据2008年国际能源署（IEA 2008）的报告，2006年交通领域的二氧化碳（CO_2）排放量，是占全球能源相关领域 CO_2 总排放量的23%，现今可能会更高。

---

① "两头在外"是指原材料多晶硅和终端销售都依赖国外市场。

在 2010 年，全球汽车保有量约 10 亿辆，而中国的汽车保有量已突破了 7000 万辆，占世界汽车总保有量的 7%。有研究报告指出，中国正处于汽车消费时代，在未来五年里，汽车产销量将迎来一个爆发式增长。中国虽然也有生产和引进节能与新能源汽车，但数量还少，加上价格比较高，因此未来的汽车保有量增长，大部分还是会来自传统汽车。在众多交通工具里，汽车，尤其是大城市里的汽车，占交通工具 CO_2 总排放量最高，约占全球交通工具总排放量的 80%。目前汽车排放量已高达全球 CO_2 总排放量的 17%。汽车数量的快速增长，加上城镇化的扩张，这将会对中国的 CO_2 减排带来很大的压力。

汽车在中国，已经渐渐地成为人们生活和工作环节中，最普遍最重要的交通工具。如果中国要达到，温家宝总理在 2009 年 12 月在哥本哈根气候变化会议，他所承诺的 CO_2 减排目标，中国对汽车和其他机动交通工具[①]的节能减排，或改变过度依赖这类交通工具的习惯，已经到了刻不容缓的地步。

由于电动汽车的电源，目前多过 80% 是依靠化石燃料发电，同时，一些新能源汽车还在研发、试验或示范阶段中，传统汽车还会占据主要的汽车市场，因此当前的中国：

一是要强化传统汽车的技术升级和创新，节能降耗减排；

二是就现有开发中的新能源汽车，大力推动科研，进而在汽车的构成主件和零件，寻求新绿色材料的运用，以及设计与组建汽车技术上的突破，尽快实现产业化、商业化，同时除了现有开发中的太阳能与氢能车，也积极寻求和研发其他的汽车绿色能源；

三是积极寻找替代 1500 万辆高污染拖拉机在道路上行驶的方法；

四是希望恢复早期通用的自行车，作为人类生活和工作环节中的主要交通工具，我认为现有的新人力与电动混合动力自行车，既舒

---

① 包括摩托车、挂车、上道路行驶的拖拉机及其他机动车。

适、节能减排，又能健身，许
多西方国家已大力推动"自行
车-减排环保"，如丹麦、法
国等。

　　另外，为了减少大城市汽
车数量，以减少交通阻塞和减
排，除了建立完善的公共交通
系统，以及实行"共车"政策

图 11　开发中的太阳能车

之外，还可以采用一个称为"New Mobility"的新交通中枢网络。这
新的交通中枢网络，是在一个城市或区域内的固定地点和移动点，将
它们之间的各种交通运输和服务，通过实体或利用电子媒介，将它们
衔接成一个网络，以提供整合、无缝换乘、无间断的门到门来往交通
服务。这新的交通中枢网络，最先是在德国不来梅市（Bremen）成功

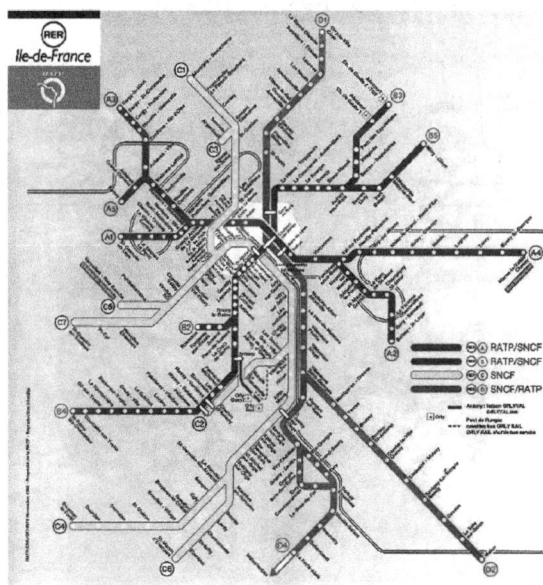

图 12　交通中枢网络的例子

采用，之后，传至其他欧洲城市、加拿大的多伦多市和中国的香港。香港更形象化地称之为"八爪鱼"系统（Octopus System）。

4　核聚变和碳捕集与封存技术（Fusion and Carbon Capture & Storage Technology，in short，Fusion and CCS Technology）

核聚变能源（或简称：聚变能）是最有希望取代化石能源的未来能源，它不但没有像最近的日本福岛核泄漏，产生全世界担心的问题，也不用担心核扩散的问题，而且聚变能的燃料——氘（音为平声dao，英语 Deuterium），是采自于取之不尽用之不竭的大海之水，更可贵的是，核聚变发电既干净又安全。而 CCS 却是一种极为重要的减免 CO_2 排放方法，让化石燃料能得以继续应用。聚变能和 CCS，需要高尖的复合技术及大量的前期资金投入，尤其是前者需要联合多个科技大国的科技力量，以及多个经济大国的资金投入。

图 13　ITER 的 Tokamak 实验装置

如核聚变的 ITER（International Thermonuclear Experimental Reactor）示范项目，需花 10 年的时间建设和动用 50 亿美元的资金，再需要 50 亿美元用于建好后 20 年的发电操作。这 ITER 示范项目，是由 6 大经济国美国、中国、日本、俄罗斯、印度和韩国，并与欧盟联合投建，预期能在 2016 年建成，可以开始进行试验操作发电，假如一切顺利，希望能在 2020 年正式投产。

CCS 的高尖技术量较低，技术没那么复杂，投资量相对的小，但每台 CCS 示范设备也还需花费 5 亿～10 亿美元。中国于 2008 年 7 月 16 日在北京，建立了第一台热发电厂的 CCS 示范设备，至今一共建了 3 台热发电厂的 CCS 示范设备，并将分别在 2011 年和 2014 年，建立两台燃煤发电厂的 CCS 示范设备。中国第一台热发电厂 CCS 示范设备的建设，得到了澳大利亚联邦科学与工业研究组织（CSIRO）的协助，而第一台的燃煤发电厂的 CCS 示范设备，是以煤气化制氢、氢气轮机联合循环发电和燃料电池发电为主，并对污染物和 CO_2 进行高效处置，使污染物和 CO_2 达至接近零排放，由中国华能集团公司自主研发、设计和建设。

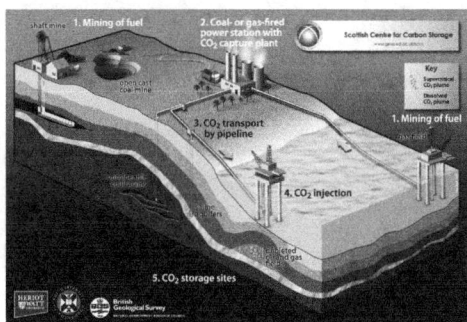

图 14　CCS 的操作图

图 15　北京的 CCS 示范设备

在此附上附件二，一些有关核聚变和 CCS 技术的资料，以供参阅。这些资料是取自"国家绿色增长创新政策"，一份应马来西亚政府总理署创新单位的邀请，由我撰写的建议书。

同学们：

无论是在能效与节能方面、或在可再生能源、绿色交通、核聚变和 CCS 技术，或者是绿色材料等领域，都将会有广泛的科研和科技创新机会，以及商机和就业机会。希望今天的报告，能给同学们一点有用的信息，更希望同学们能为自己的前途，为国家和社会做出贡献，充实和掌握好绿色科技、绿色产业等的知识。

同学们：

这次我们关注的，是应对"气候变化与人类活动"的问题，谈的主要是，"经济发展和能源资源与清洁环境可持续性"的调和课题。然而，假如要达到一个真正可持续性增长的绿色世界的目标，我们也应该关注应对"水、土资源与人类活动"的问题。明年，希望我能和各位谈谈，有关"经济发展与水资源、海洋和陆地的保护和资源节约"的课题。

附件一：温总理提交大会审议《国民经济和社会发展第十二个五年规划纲要（草案）》有关循环经济/节能减排/生态建设等的谈话

"……我们要扎实推进资源节约和环境保护。积极应对气候变化。加强资源节约和管理，提高资源保障能力，加大耕地保护、环境保护力度，加强生态建设和防灾减灾体系建设，全面增强可持续发展能力。

非化石能源占一次能源消费比重提高到11.4%，单位国内生产总值能耗和二氧化碳排放分别降低16%和17%，主要污染物排放总量减少8%～10%，森林蓄积量增加6亿立方米，森林覆盖率达到21.66%。切实加强水利基础设施建设，推进大江大河重要支流、湖泊和中小河流治理，明显提高基本农田灌溉、水资源有效利用水平和防洪能力。

……深化资源性产品价格和环保收费改革，建立健全能够灵活反映市场供求关系、资源稀缺程度和环境损害成本的资源性产品价格形成机制。实施更加积极主动的开放战略，培育参与国际合作与竞争新优势，进一步形成互利共赢的开放新格局。

……提高能源资源综合利用水平、技术工艺系统集成水平，提高产品质量、技术含量和附加值。

……加快培育发展战略性新兴产业。积极发展新一代信息技术产业，建设高性能宽带信息网，加快实现"三网融合"，促进物联网示范应用。大力推动节能环保、新能源、生物、高端装备制造、新材料、新能源汽车等产业发展。

……加强节能环保和生态建设，积极应对气候变化。突出抓好工业、建筑、交通运输、公共机构等领域节能。继续实施重点节能工程。大力开展工业节能，推广节能技术，运用节能设备，提高能源利用效率。

加大既有建筑节能改造投入，积极推进新建建筑节能。大力发循环经济。推进低碳城市试点。加强适应气候变化特别是应对极端气候事件能力建设。

建立完善温室气体排放和节能减排统计监测制度。加快城镇污水管网、垃圾处理设施的规划和建设，推广污水处理回用。启动燃煤电厂脱硝工作，深化颗粒物污染防治。加强海洋污染治理。

加快重点流域水污染治理、大气污染治理、重点地区重金属污染治理和农村环境综合整治，控制农村面源污染。继续实施重大生态修复工程，加强重点生态功能区保护和管理，实施天然林资源保护二期工程，落实草原生态保护补助奖励政策，巩固退耕还林还草、退牧还草等成果，大力开展植树造林，加强湿地保护与恢复，推进荒漠化、石漠化综合治理。

……完善成品油、天然气价格形成机制和各类电价定价机制。推进水价改革。研究制定排污权有偿使用和交易试点的指导意见。价格改革要充分考虑人民群众特别是低收入群众的承受能力。

……切实转变外贸发展方式。在大力优化结构和提高效益的基础上，保持对外贸易稳定增长。无论是一般贸易还是加工贸易出口，都要继续发挥劳动力资源优势，都要减少能源资源消耗，都要向产业链高端延伸，都要提高质量、档次和附加值。

……坚持积极有效利用外资的方针，注重引进先进技术和人才、智力资源，鼓励跨国公司在华设立研发中心，切实提高利用外资的总体水平和综合效益。抓紧修订外商投资产业目录，鼓励外资投向高新技术、节能环保、现代服务业等领域和中西部地区。

积极开展多边外交，以二十国集团峰会等为主要平台，加强宏观经济政策协调，推动国际经济金融体系改革，促进世界经济强劲、可持续、平衡增长，在推动解决热点问题和全球性问题上发挥建设性作用，履行应尽的国际责任和义务。

……"

附件二：有关核聚变和 CCS 技术的资料

Nuclear Fusion Technology

Nuclear fusion power offers the prospect of an almost unlimited source of energy supply with very safe and low cost in production.

The fuel for nuclear fusion is primary deuterium[①] which exists abundantly in Earth's ocean. Some scientific experts projected that deuterium in the Earth's ocean is sufficient to fuel fusion power generation for millions of years. As compared with uranium fuel for fission power plant which is limited to several hundred years, or fossil fuels which are fast depleting resources and deuterium in seawater which is abundant and easier to access and extract.

The waste product of deuterium-based fusion reactor is safe and harmless helium. Unlike in the case of nuclear fission power generation process, there are major concerns on high-level radioactive leakages and wastes disposal, and the proliferation of weapon-grade nuclear technologies and materials.

Once various fields of technologies for fusion power generation are perfected, experts[②] are confident that fusion power will produce more energy for a given weight of fuel than any technology currently in use. With abundant and easily accessible fuel for fusion energy, an-

---

① Deuterium, also called heavy hydrogen, is a stable isotope of hydrogen with natural abundance in the earth's ocean with approximately one atom in 6400 of hydrogen.

② Robert F. Heeter, et al-at Lawrence Livermore National Laboratory, Princeton University, USA.

other major advantage of fusion power generation is that the cost of production does not suffer from diseconomies of scale, such as in the case of increased wind or solar power production cost as optimal locations are developed first, or in the case of bio-fuel energy production competing with food production.

Nuclear fusion energy is one of the most promising sources of energy for future generations. It has impelled Sixteen IEA countries and the European Commission to become active members of the IEA Fusions Power Coordinating Committee (FPCC) and/or also participate in one or more of the seven Implementing Agreements, including the latest International Thermonuclear Experimental Reactor (ITER) Agreement[①]. The establishment of FPCC and the Implementing Agreements are within the framework of IEA Roadmap to Fusion Power (RFP) (2006).

ITER is an international project to design and build an experimental fusion reactor based on the "tokamak"[②] concept, and the important component of its accompanying programs are being conducted within the IEA framework under the IEA Implementing Agreements and the guidance of the IEA FPCC. ITER project requires US＄5 billion over 10 years for the construction of the facility and another US＄5 billion over 20 years for operation and decommissioning of the demonstration plants for electricity generation (DEMOs).

IEA non-member countries, such as Russia, which is an advanced nuclear power country, regularly participates in FPCC meetings and is

---

① Fusion brief for the IEA Governing Board following the signature of the ITER Agreement by participating governments on 21 NOV 2006

② Tokamak facilities is the most developed approach to produce fusion reaction.

a member of many Implementing Agreements. China, India and Ukraine has also participated and/or expressed interest in some of the Implementing Agreements. Six world economic powers, namely United States, China, Japan, Russia, India and South Korea, together with EU, had signed on the ITER Agreement, and agreed to jointly fund the costs for the DEMOs. These represent an important step towards an accelerated R&D advancement and development of the fusion program.

Despite the misgivings of some critics in the early stage, majority communities in the world are in favor and are keen in fusion energy. Over the last three decades, some countries had been actively involved in the R&D of fusion technology prior to the development of IEA RFP and the implementation of ITER program. For example:

~~ in 1978, European Community launched the Joint European Torus (JET) project in UK, which is the largest tokamak facility operating in the world today, and has become the key device in preparation for ITER;

~ in 1982, Princeton Plasma Physics Laboratory built a Tokamak Fusion Test Rector, which was the first magnetic fusion device to perform extensive experiments with plasmas composed of D-T[①], and has made substantial contribution to the development of ITER;

~ in 1985, Japan had built a JT-60 project similar to the JET tokamak facility to perform its fusion technology research, and had also built the world's largest stellarator producing its first plasma in 1998, which demonstrated plasma confinement properties comparable to oth-

---

① Deuterium-Tritium

er large fusion devices;

~ United States had also built a fusion research facility "DIII-D" in San Diego operated by US General Atomics, which is the 3rd largest tokamak facility after JET and JT-60; and in 2006, United States through its Z-machine[①] had demonstrated its capability to produce fusion neutrons under a high temperature over 2 billion degrees, which in theory is high enough to allow nuclear fusion of hydrogen with other heavier elements.

Up to the end of 1990s, EU alone had spent almost € 10 billion, and Japan and United States had also spent billions on fusion research.

The ITER program will be complemented by continued and coordinated experimental campaigns in existing and upgraded fusion facilities (JET, JT-60 and DIII-D) and new facilities with superconducting magnet (KSTAR-Korea, EAST-China) . The testing of advance materials by International Fusion Material Irradiation Facility[②] will run parallel with ITER program development for timely material qualification in the ITER demonstration plants construction process.

With the relentless supports from these existing and new facilities, and the strong financial and technological strength of the seven ITER participating members, it is expected, without unforeseen dis-

---

① The Z machine is the world largest X-ray generator. It is designed to test materials in extreme temperature and pressure, and its original use is for gathering data in aid for computer modeling of nuclear weapon. It is operated by Sandia National Laboratories located in New Mexico, US.

② The International Fusion Materials Irradiation Facility is a facility with an international scientific research program planned by Japan, EU, US and Russia, and managed by IEA for testing materials suitability for use in fusion reactors.

ruptions, the first DEMO reactor could start operation in around 2020, and the first DEMO fusion power plant with several hundred megawatts electricity generation could be connected to electricity grid in some 25 years from now. This would lead the way to the beginning of fusion energy age in the second half of the century. (See Figure 1)

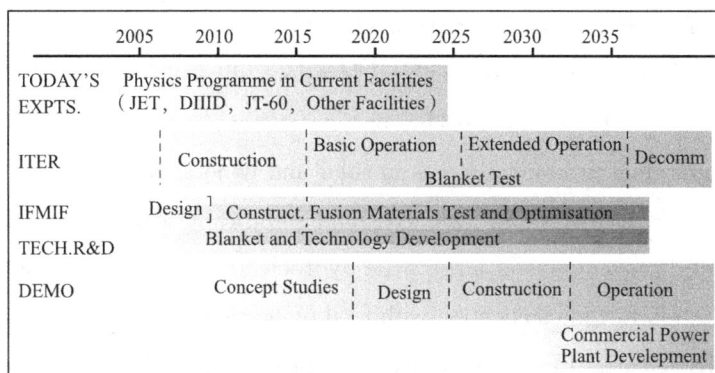

Figure 1   IEA Roadmap to fusion electricity

It is important to recognize that for realization of commercialization of fusion power generation to enter into the age of fusion energy, it needs more nations' strong governmental supports or commitment to accelerate the fusion RDI program, and much faster decision taking than in the past. This is because of the high-level technological complexity of the fusion process and it needs a further additional sum of around € 50~60 billion for fusion RDI&D over the next 30~40 years.

Carbon Capture and Storage (CCS)

As mentioned in the above paragraph *"Old Habits Die Hard"* it is too big a stake for the world communities, particularly those in the oil production and carbon-intensive manufacturing sectors, to forego their reliance on fossil energy. In addition, there are various limitations in replacing fossil-fuel energy with low or zero based energy supply, such as:

~ heavy investments and political barriers in nuclear fission energy;

~ technological barriers and nuclear fusion energy is unlikely to be commercially available until beyond year 2035;

~ limitations in geographical location, difficulties to project future weather patterns, variable or intermittent supply and relatively high marginal production costs in solar and wind energy;

~ scarcity of water resources and significant social and environmental disadvantages in large-scale hydroelectric power system and;

~ bio-fuel in competition with food productions as mentioned above.

IEA *World Energy Outlook* 2009 projected the fossil-fuels share of total world primary energy supply is 80.1% in Reference Scenario based on business-as-usual. Even in the case of the aggressive GHGs emission reduction scenario-A450 Policy Scenario, fossil-fuels share is still as high as 68.1%. (See Table 1 below)

Fuel shares of World Total Primary Energy Supply

(Data from IEA World Energy Outlook 2009)   Table 1

	2008	2030 (projected)	
		Reference Scenario	A450 Scenario
Fossil Fuel			
Oil	33.2%	29.8%	29.5%
Gas	21.1%	21.2%	20.4%
Coal/Peat	27.0%	29.1%	18.2%
Subtotal	81.3%	80.1%	68.1%

	2008	2030 (projected)	
		Reference Scenario	A450 Scenario
Non Fossil Fuel			
Nuclear	5.8%	5.7%	9.9%
Hydro	2.2%	2.4%	3.4%
Combustible Renewable, waste and others	10.7%	11.8%	18.6%
Subtotal	18.7%	19.9%	31.9%

In 2007, Fossil-fuel's share of contribution to the world total carbon dioxide (CO_2) emission is almost 100 percent[1]. Based on analysis of EPT[2] 2008, IEA projects that the energy sector CO_2 emission will increase by 130% above 2005 level by 2050, in the absence of new policies or due to supply constraints resulting from increased fossil fuel usage.

However, due to lack of likely and timely substitution of fossil fuel as mentioned above, CCS is the most promising and cost-effective technology that is needed to achieve the global carbon emission reductions. IEA's ETP Blue Map scenario revealed that CCS will have to contribute one-fifth of the necessary emission reduction in the needed 50% GHG reduction by 2050 to achieve the stabilization of global GHG concentrations. IEA further revealed that if CCS technologies are not available or fully deployed, the overall costs to achieve a 50%

---

[1] US Energy Information Administration's 2009 *International Energy Outlook Report*, Chapter 8. Energy-Related Carbon Dioxide Emissions. (http: //www. eia. doe. gov/oiaf/ieo/emmission. html)

[2] Energy Technology Perspective

reduction in GHG emissions by 2050 will increase by 70%.

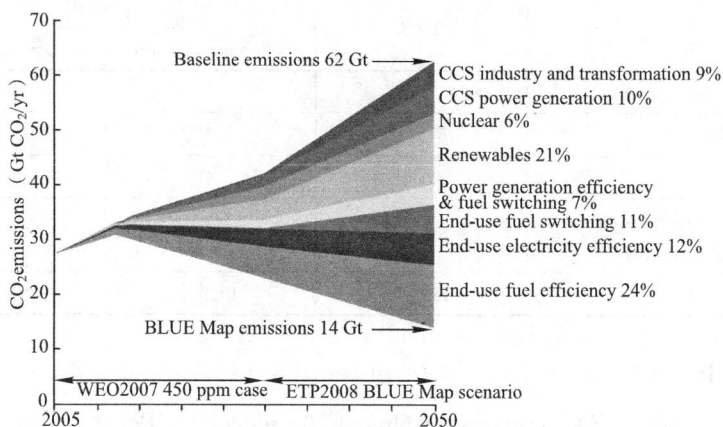

Figure 2　CCS deliver one-fifth of the lowest-cost GHG reduction in 2050（Source：IEA ETP 2008）

CCS is not a new or emerging technology. There are existing technologies in use analogous to CCS, and were mainly used to inject CO_2 from gas processing facilities for Enhanced Oil Recovery (EOR) since 1986. Out of the current eight integrated CCS industrial-scale projects in operation, seven CO_2 sources are from gas processing facilities and one from petro-chemical fertilizer plants. CO_2 captured are all injected into the Saline Formation in the relatively nearby gas or oil fields. Five of CCS projects are for EOR and the remaining three are the global pioneers to demonstrate that industrial-scale geological storage of CO_2 is a viable GHG mitigating alternative.

While the component technologies (Capture-Transport-Storage) of CCS are relatively mature and have been proven in small industrial-scale application, there are considerable related technology and economic challenges that must be addressed and solved before moving forward with CCS for effective GHG emission mitigation in Fossil-fuel energy system. The main challenge is to scale up the CCS to a technology level suited for large-scale plants, such as a commercial coal power plant. Apart from the necessary technologies, the other big challenge is to integrate the developed CCS technologies in large full-scale plants. The only way to overcome these challenges is to build a full-scale demonstration plant for each specific industry (power plant, cement, steel ...) in each specific location, but its investment are enormously huge and risk is high. It is estimated by IEA that the cost per each CCS full-scale demonstration project is between US $ 500 million to one billion. Other important challenges include:

~ Several more effective, lower costs and safer new CO_2 capture technologies are yet to be fully developed. More RDI is needed to further development;

~ The challenges related to storage are also substantial. Possible storage sites need to be mapped-out, geologically investigated and carefully characterized before selecting the most commercially viable and safe storage. More research is also required to determine how the CO_2 will behave when large quantity of CO_2 is injected into the storage potential of deep saline aquifers;

~ Other non-technology challenges such as funding; laws and regulation pertaining to the right of use in transportation routes and storage location; international standards for safe operation and long-term storage.

There are several CCS related potential technology RDI&D opportunities with bright future prospects such as:

~ Carbon Negative in large Biomass Power Plant (BPP) with

CCS facilities and in-combination with biomass plantations[①];

～ Hydrates and coal bed methane recovery for power generations with CCS[②];

～ Coal gasification with CCS for Fuel Cells production[③].

Among the Asean member states, the governments of Malaysia and Indonesia have expressed interests in CCS. Both countries had joined as a member of Global Carbon Capture and Storage Institute (GCCSI)[④]. GCCSI was founded in 2009 with an aim to connect parties around the worlds to solve problems, address issues and learn from each other to accelerate the development and deployment of CCS projects.

(*Note: Fusion Energy is the most promising future energy source in substituting the depleting sources of fossil-fuel, and CCS is the important tool in GHGs emission mitigation while maintaining the continuous use of fossil-fuel. More importantly, these two tech-*

---

① Growing of biomass for Biomass Power Plant (BPP) will remove CO_2 from the atmosphere. BPP combined with CCS will capture CO_2 during biomass combustion for power generation and store the CO_2 underground. Combining biomass plantations and BPP operations will thus reduce the CO_2 intensity in the atmosphere. This phenomenon is commonly known as "Carbon Negative".

② CO_2 is injected into hydrate reservoir and deep coal bed to recover Methane. The Methane is used for power generation with CCS.

③ The CCS breakthrough for Coal gasification to produce Hydrogen Fuel Cells is the most effective means to power electricity generation and transportation vehicles with zero CO_2 emission.

④ GCCSI was founded by the Australian Government on June 2009 as a non-profit Public Company. Today it has 277 members comprising Governments, corporations, industry bodies and research organizations. The Australian Government has allocated about AUS＄100 million per year for 4 year's operation cost of the GCCSI and has committed to spend about AUS＄2.4 billion to execute at least 2 to 4 CCS demonstration project of an industry scale within a decade.

*nologies are most likely to be commercially available in the near fu-
ture. This is the reason why these two technologies are dealt in great
length.*)

Recommendations

~ It is proposed to participate in the RDI&D of these two impor-
tant cut-edge technologies through international cooperation as men-
tioned earlier.

~ For fusion Energy, the strategy is two folds. First, it is to
persuade ASEAN member states, as a whole, to seek participation as
an active member of IEA's FPCC. As ASEAN is gaining increasing
importance in the international arena, it is believed that the chances of
getting accepted are fair or perhaps good. Second, it is through $10+$
3[①] cooperation framework to seek participation in the ITER project.
China, Japan and South Korea, who are active members in the ITER
project, contribute more than a quarter of the project costs. With
their help, ASEAN will again stand a high chance of success.

~ The development and deployment of the CCS full-scale demon-
stration projects is beneficial to be jointly carried out by those ASEAN
member states with close proximity. This is because the use of a com-
mon CCS project facility can be shared through the transportation of
captured CO_2 via pipelines. Not only will it reduce the burden of huge
capital investment by each sharing party, but it will have better eco-
nomic advantages due to the larger scale of operations. However,

---

① ASEAN plus China, Japan and South Korea

with no funding constraints, it will be better for Malaysia to implement the CCS demonstration project by itself, as agreement to joint operation will take time to materialize. The early adaptation of CCS will greatly assist in the country's GHGs mitigation program.

～ It is proposed a taskforce focusing on these two important technologies be set up. Its primary duties are to lobby for the participations in FPCC and ITER, and work towards an early execution of a CCS full-scale demonstration project in Malaysia. The taskforce may also take charge of the Nuclear Fission power plant developments, which are currently planned by the Government.

13

美国：科技创新使美国综合国力百年独领风骚

写于 2010 年 6 月

近 100 多年来，美国的国力，无论是经济、政治与文化和军事力量，之所以能够独领风骚多年，而居高不下，并非是偶然的。

美国是在 1776 年独立（图 1），适逢当时欧洲工业革命的兴起，意识到科技创新在工业革命中，有着积极和重要的作用，并为欧洲国家的社会、经济和人类的文明与生活，带来了诸多的变革与好处。聪明的美国人将科技创新和知识产权保护政策写进了立

图 1　1776 年 7 月 4 日，美国独立先贤们签署独立宣言

国的宪法中，让美国从建国伊始，就选择了科技创新的发展道路，作为国家主要的发展战略。这正确的选择，带动了美国的兴起和社会进步。

建国先贤重视发展科技创新

美国在建国之初，其开国元勋们不但重视科技创新的发展，也为国家立下了一套民主、自由、开放、重视人才的利民、利工商发展的国策。美国的 7 位重量级开国元勋（图 2）：本杰明·富兰克林（Benjamin Franklin），乔治·华盛顿（George Washington），约翰·亚当斯（John Adams），托马斯·杰弗逊（Thomas Jefferson），约翰·杰伊（John Jay），詹姆士·麦迪逊（James Madison），和亚历山大·汉密尔顿（Alexander Hamilton）。其中两位，富兰克林[①]和美国第三任

---

　　① 富兰克林进行了一系列的试验，让人类更深一层理解电的知识，并证明了闪电是自然界中在空中的电流交击时发出的光芒，他也发明了双焦点眼镜。

华盛顿（1731-1799），第一任总统，主持制宪会议

富兰克林（1706-1790），科学家，起草独立宣言

亚当斯（1735-1826），第二任总统，主持制宪会议

杰弗逊（1743-1826），第三任总统，主要独立宣言起草人

杰伊（1745-1829），第一任大法官

麦迪逊（1751-1836），第四任总统，宪法之父

汉米尔顿（1755-1804），第一任财政部长

图2　美国7位重量级开国元勋

总统的杰弗逊[①]，是当时稍有名气的科学家，为美国在宪法中奠定了科技创新的重要地位[②]。像富兰克林和杰弗逊一样，18世纪末大部分的美国科学家，如：天文学家戴维·黎顿郝斯[③]（David Ritten-house），医学家本杰明·拉什[④]（Benjamin Rush），自然史学家查尔

---

　　① 许多人认为杰弗逊是历任美国总统中，智慧最高者。他博学多才，且是一个重农主义者，他为美洲新大陆引进了稻米、橄榄树及各种草类，奠定了美国农牧业的基础。

　　② 参阅美国宪法第一章第二部分第八款。

　　③ 黎顿郝斯在美国独立战争时期，为美国费城（Philadelphia）的防御做出了重大的贡献，他给美军制造了重要军需品的望远镜和导航仪器，并在战后为宾州（Pennsylvania）提供了道路与运河系统的设计，后期他专注于恒星和行星的研究，成了一位世界著名的天文学里的星学大师。

　　④ 拉什也是一位开国元勋，在美国独立战争时期，拉什不但救了无数因战祸受伤的士兵，并率先推广公共卫生与医疗的设施，更在战后引进新的医疗法，作为减轻医疗费用的表率。

斯·威尔逊·皮尔①（Charles Willson Peale）等，都积极地参与了争取独立的工作和为美国打造成一个科技创新型的新国度。

历史机遇造就人才涌入契机

更幸运的是，美国适逢难得的历史机遇，这包括了：在18世纪末至第二次世界大战后这段时期，欧洲经历了法国大革命和拿破仑战争的动荡不安，以及第一次世界大战和第二次世界大战的战火洗礼，再加上德国纳粹主义对犹太人和斯拉夫人等的迫害，造成大批欧洲顶尖科技人才移往美国，他们包括：以相对论著称于世的德籍犹太人大科学家阿尔伯特·爱因斯坦（Albert Einstein）

图3　德籍犹太人大科学家爱因斯坦

（图3）、著名的苏格兰籍科学家兼企业家亚历山大·格拉汉姆·贝尔（Alexander Graham Bell）、德籍的交流电电学家施泰因梅茨（Steinmetz）、俄籍电视机发明人兹沃里金（英文：Zworykin，俄文：Зворыкин）、创造无电刷交流电感应马达（brushless alternating current induction motor）塞尔维亚人的发明家尼古拉·特斯拉（Nikola Tesla）。

在爱因斯坦的影响和鼓励与支持下，相当大部分备受法西斯政府迫害的欧洲理论物理学家，也跟着他的脚步移居美国，如：意大利的1938年诺贝尔物理学奖得主恩里科·费米（Enrico Fermi）、德籍犹太人1967年诺贝尔物理奖得主汉斯·贝特（Hans Bethe）、匈牙利籍犹太人核物理学家利奥·西拉德（Leo Szilard）、被誉为"氢弹之父"

---

①　在人们的记忆中，威尔逊·皮尔是一个艺术家，其实他也是自然史学家、发明家、教育家和政治家，他为新建立的美国创立了第一所较大的博物馆（皮尔博物馆），收集北美洲的自然史标本，提升了美国人对科学知识的兴趣。

的匈牙利籍犹太人核物理学家爱德华·泰勒（Edward Teller）（图4）、1952年获得诺贝尔物理学奖的瑞士籍犹太人费利克斯·布洛赫（Felix Bloch）、1959年诺贝尔物理学奖得主意大利人埃米利奥·吉诺·塞格雷（Emilio Gino Segrè）和1963年分享诺贝尔物理学奖的匈牙利籍犹

图4 1952年试爆泰勒所设计的美国第一枚氢弹

太人尤金·保罗·维格纳（Eugene Paul Wigner）等。

这批从欧洲和苏联移民来的精英，不但给美国各领域的科技界做出了巨大的贡献，也带动了美国科技人力资源迅速的发展，造就了一批强大的本土基础科学与应用科学的专才和工程师，如：发明家爱迪生（Edison）（图5）、发明硫化橡胶的古德伊尔（Goodyear）、现代半自动与自动轻武器的发明人勃朗宁（Browning）、发明飞机的莱特兄弟（Wright Brothers）（图6）、参与原子弹研发并在1959年分享诺贝尔物理学奖的欧文·张伯伦（Owen Chamberlain）等。

图5 大发明家爱迪生

图6 莱特兄弟于1904年研发的飞机

新科学与科技带动经济崛起

新科学与科技在这批顶尖学者专家的领导下，迅速地发展。他们

结合了 19～20 世纪第二次工业革
命中的科技成果应用,成就了多方
面的创新和突破,带动了美国工业
又好又快地发展,也企业化和机械
化了农业生产,以及天然资源的开
发,尤其是矿物能源的开发。这让
美国从落后的农牧社会,转型为工
业社会,也大大地提高了美国总体

图 7　1929 年经济大萧条时,纽约一间
银行外的挤提人潮

经济的竞争力和生产力。虽然在这段期间,美国曾经历南北战争
(1861～1865 年)的动乱、第一次世界大战、1929 年的经济大萧条
(图 7)和第二次世界大战,但由于科技与工业的雄厚力量,美国的工
业与经济仍然能够强劲成长。在 1872 年美国取代了英国的世界工厂
地位,到了 20 世纪初时,其工业生产更超过世界总产量的三分之一,
其国内生产总值(国际汇率),也从 19 世纪初的每年只有区区 2 亿美
元左右,跃升至 1872 年 82 亿美元,超越英国成为世界最大经济体,
并在 1950 年飞跃至 2938 亿美元,与 1872 年相比,增长了整 35.8 倍,
年均增长率高达 4.7%①。

　　两次世界大战,摧毁了日本和大部分西欧国家各经济领域的产业
和基础设施。很幸运的是,除了在太平洋的一些离岛,美国本土却没
有受到战火的蹂躏,各工商领域和基础设施完全没有受到破坏,其
经济从第二次世界大战时期的负成长得以迅速复苏。加上战后美国
政府实行经济扩张政策,包括实行军事凯恩斯主义带动经济发展,
并大力推动工业及基础设施的发展,造成外贸与内需大幅度的增
长。同时,失业率降低和人均收入提高,更进一步地提升内需的成
长,这使美国经济发展在 20 世纪 50～60 年代时一枝独秀,国家呈

---

① 参阅附表 1：美国历年国内生产总值。

现出一片繁荣昌盛的好景。美国人将这段时期称之为"过去的大好日子"（The Good Old Days）。在这段期间，美国国内生产总值（国际汇率），从 1950 年的 2938 亿美元，翻了接近一番至 1960 年的 5264 亿美元，到了 1970 年再翻了一番，高达 10385 亿美元，占全球国民总收入的 22%[①]，遥遥领先世界各国，超越了当时第二大经济体的日本 3 倍。

高新科学技术的研发与创新成果的应用，工业生产技术的雄厚实力，尤其是掌握了大量生产的技术，在第一次世界大战之后到第二次世界大战期间，为美国国防部生产了大量各种新型的攻防军备，例如：火力威猛的枪炮、机动性与高速的装甲车、全天候和强大攻击力及坚固的重型坦克车、数量庞大的战斗机与轰炸机（图 8）和驱逐舰与航空母舰（图 9）、侦察与防御系统的雷达等，以及威逼日本投降和结束第二次世界大战的原子弹，使美国崛起为全球第一大的军事强国。美国政府在战后的冷战时期，其科技发展与研发，延续了第二次世界大战时期开发的各种高新科技，更进一步研发核武器、氢弹和远程飞弹等。随着苏联在 1957 年发射了第一枚人造卫星，美国为了在太空科技领域中迎头赶上，与苏联展开了激烈的"太空竞赛"（图 10），其美国太空总署展开了多项空间高新技术的研发如远程火箭、人造卫星大型计算机、通信和资料传输系统等。这些军事配备与太空事业研发的大事投入，不但提升了美国的科技与军事力量，也带动了 50～60 年代高新科技产业的快速发展，同时也为 70 年代萌芽的信息科技革命奠定了雄厚的基础。

强大的科技、经济与军事实力，使美国成为世界第一科技与经济大国和第一军事强国，让美国在第二次世界大战后登上了西方世界霸主的宝座。

---

① 参阅附表 1：美国历年国内生产总值。

图 8　美国在二战时所生产的重型轰炸机
"B－17 空中堡垒"

图 9　美国在二战时所建造的航空母舰

图 10　1969 年美国太空人登陆月球，使美国在美苏"太空竞赛"中迎头赶上

过去 50 年的难关与经济周期

20 世纪 70 年代后至 90 年代中，美国经历了多次周期性通胀与通缩的困境，美国的经济发展也并非一帆风顺。美国的经济成长开始缓慢下来，与 50 年代至 70 年代初的国内生产成长率的 4.1％相比，70 年代初至 90 年代中的成长率跌了 1.1％，只有 3.0％，国债也从 1960 年的 2905 亿美元，跃升至 1980 年的 9090 亿美元，到了 1990 年，更恶化至 32063 亿美元（占国内生产总值高达 55.9％）。

这段期间，造成经济困境与成长缓慢和债台高筑的主要导因包括了：

• 战争与军事开销的拖累

1965～1975 年的 10 年里，美国在越南战争耗费了 1110 多亿美元，造成联邦政府巨大的财政入不敷出（图 11）。

1975 年美国在越南的战争以失败收场，以及 1980 年美国拯救在伊朗的美国人质失败，同时在

图 11　越南战争造成美国联邦政府财政入不敷出，也使美国人民蒙受巨大的生命和财产损失

20 世纪 70～80 年代，苏联集团势力大肆扩张，一方面扩充武器与军事设备的建设，另一方面在越南建设军事基地和入侵阿富汗，并将其军事力量与政治影响力，延伸至原属于美欧势力范围内的区域，这导致了 1981 年接任的里根总统，为了洗刷越南战争与拯救人质失败的耻辱和与苏联争霸世界，大幅度提升军费开销，使已经入不敷出的联邦政府财政进一步恶化。

• 受到新兴工业国产品的挑战

20 世纪 60～70 年代，日本与韩国提升了制造钢材的技术和产品素质，并大量生产和出口低成本及高质量的钢材，重重打击了美国钢铁工业。

从 20 世纪 60～80 年代，日本更在多个工业领域里，例如：纺织业、化学工业、汽车工业（图 12）、造船业、机床制造业、电子与电器产品和多样消费品制造业等，不断提高生产力与产品质量，更强化自主创新，形成自己

图 12　日本的汽车工业在 20 世纪 60 年代兴起，图为三菱在 1961 年生产的三菱 500 型轿车

的品牌，进一步提升其产业的竞争力，使日本在这些领域里赶上并超

越欧美国家，进而取代美国成为世界工厂。日本的产品大量行销到世界各地，尤其是美国，进一步打击了美国的工业。

同时，由于1973年和1979年两次石油危机的影响，以及工资和通货等膨胀，造成国内生产成本不断上升，更进一步严重打击了美国工业的生存，大量工厂倒闭或移往第三世界国家，导致了失业率高涨，政府税收相对减少，以及社会动荡不安。

这不但拖慢经济成长，也增加了美国的社会成本，使其财政赤字持续扩大。

• 经济过热的冲击

金融政策性的失误造成经济过热，导致了1987年黑色星期一股市大崩溃和随着而来的20世纪90年代初储贷危机。这更进一步打击美国的经济成长。

再说，在同一个时期，日本工业强大崛起，出口贸易成长强劲，对外盈余大增，国家外汇储备迅速增长，企业和人民累积了丰厚财富，这使日本从一个资本输入国转变成一个重要的资本输出国。1985年日本总体对外长期投资额高达650亿美元，1987年更递增至1370亿美元，同时也成了美国的最大债权国。

为了平衡日本与欧美之间的贸易逆差，在美国和英、法、德的压力下，于1985年，日本同意与她们联合签署了"广场协议"，迫使日元汇率上升。这是期望能提升美欧国家的竞争力，遏制日本产品的入侵。

然而，美国做梦也没有想到，单靠汇率的调整，已无法制止日本产品的继续入侵。这是因为：美国去工业化已经渐渐形成，大部分没有外移或倒闭的工厂，都面临生产制度老化和制造技术与流程缺乏创新的困境，并且一些非高科技传统制造业也遇到发展瓶颈，因此难于扭转美国对日本产品竞争力的劣势，加上美国人对日本价格相宜和高品质产品的喜好，已形成对日本产品一定的惯性依赖，无法改变市场的形势，致使日本货品仍然持续充斥美国市场。

相反的，日元汇率的上升，有利于日本公司大量收购美国产业，或在美国设立工厂。从 1985 到 1990 年间，日本企业在美国进行了 18 起大型的收购或并购案，例如：索尼公司（Sony）以 34 亿

图 13　三菱公司以 14 亿美元买下纽约曼哈顿洛克菲勒中心大厦

美元的高价买下哥伦比亚影片公司、松下电器公司预计以 6.6 亿美元收购美国音乐公司（MCA），以及三菱公司以 14 亿美元购买坐落在纽约曼哈顿的洛克菲勒中心大厦（图 13），等等。同时，日本企业界也投入 540 万美元予极有政策影响力的华盛顿五大思想库，以及投资予著名高等学府和高尔夫球场与职业棒球队等。

大量日本制造产品的输入，日本老板入主被收购的多家企业，日本在美国设厂或投资的公司不断增加，进一步造成在美国经商和工作与旅游的日本人越来越多，日本餐馆随处可见，以及日本大财团又想通过思想库左右美国政策，这给美国政府和人民带来了巨大震撼，并陷入恐慌与担忧之中。加上日本已经成了美国的最大债主，让他们回想起 19 世纪 80～90 年代时，英国也是美国的大债主，并拥有许多美国资产，使美国处处受到英国的约束与屈辱，担心历史会再度重演，让他们受到日本的经济殖民。美国人更把这次日本的经济入侵，形容为"经济珍珠港"。

日本的经济入侵和成为美国的最大债权国，不单给美国人带来巨大的压力，也直接与间接地冲击了美国的经济结构与发展。

美国虽然屡屡受到内忧外患的重大冲击，是什么让她从 20 世纪 70 年代初至 1995 年，还能保持 3％的经济成长率？并在 1996～2000 年间，重回 4％的经济成长率？是什么让美国人重拾信心？这主要

是因为美国政府、企业与人民，一路来秉承着先贤们的建国和创业精神，更重要的是，没有放弃对科学与技术的研发和科技创新及对科技人才的重视、坚持重点开发科学和科技，以及政府与人民深信创新的重要性。因此，虽然屡经发展难关和经济危机，但她都能浴火重生。

这种精神和对科技创新的执著，导致了"第三次工业革命"的产生，更正确地说，应该称为"第三次科技革命"。第三次科技革命于20世纪70年代在美国萌芽和发展。

美国国策与第三次科技革命

在1972年，第三十七任美国总统尼克松的科技政策，包括了推动官方开展民事用途的科技研发、鼓励民间技术革新、强化联邦与州政府在科技领域里的合作，以及加强与国际间科技上的联系，为第三次科技革命奠定了一定的基础。

图14 尼克松总统的国策为第三次科技革命奠定了基础

图15 美国第四十任总统里根

在1983年，为了迫退苏联的军事威胁，第四十任美国总统里根（图15）推出"战略防御计划"（Strategic Defense Initiative），俗称"星球大战计划"（图16），以及实行军、产、学相结合的科研政策，

带动了美国在多个领域里的高新
科技与新材料的研发，进一步推
进科技革命的蓬勃发展。

在 1972～1989 年间，为了
反击日本与欧洲等国的经济入
侵，以及振兴经济，历任美国总
统尼克松、福特、卡特和里根，

图 16 里根总统推出"星球大战计划"，以迫退苏联的军事威胁

对企业相继推出了一系列放松管制（Deregulation）的开放政策，为
美国工商企业提供了良好的投资与经商环境，同时也为美国私人企业
与高等院校和民间研究中心，塑造了参与基础科学与技术研发和科技
创新的条件。这让美国的工商经济与科技革命，能相辅相成同步
发展。

美国进入信息时代

第三次科技革命是以信息科技为核心和主流，因此第三次科技革
命，也可以说是"信息科技革命"。而不断创新开发的计算机硬件与
软件技术、传感和通信技术，却是信息科技的主导技术。除了主导技
术，信息科技尚须有多个领域的支撑性技术，如微电子技术、激光技
术、生物技术、空间技术和海洋工程技术等等。如果没有这些支撑性
技术的相应快速发展，信息科技的发展就不可能迅速前进。主导技术
和支撑性技术的提升与换代，以及信息科技的功能和产品的进化与更
新，却有赖于新材料和新能源技术的开发，例如：使计算机进入智能
化和珍袖化的硅半导体材料（图 17）；超高速电脑和通信设备的超导
材料；替代铜丝作为通信用途的光导纤维（图 18），以及低耗能源的
电子技术，等等。

图 17　硅半导体材料使计算机进入智能化和珍袖化

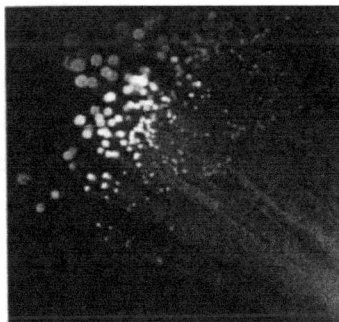

图 18　光导纤维替代铜丝成为更好的信息传输材料

1970～1995 年：信息科技快速起步

1970～1995 年间，信息科技主导技术与支撑性技术又好又快的开发，配合开放政策打造的良好经营环境，迅速推动经济与社会的转型，这是让美国在面对重重困境的这段期间，还能保持 3％经济成长率的主要原因，并让美国在 1995 年引领世界进入"信息时代"。这是一个史

图 19　以信息科技为核心的第三次科技革命，使人类社会生活和人的现代化迈向更高的境界发展

无前例，重大改变世界政经、工商、金融、文明、生活与社会面貌，以及强劲带动多领域基础科学和高新科技发展的大时代。而以信息科技为核心的第三次科技革命，更是人类文明史上继蒸汽机与电力技术革命之后，科技领域里的又一次重大飞跃，也是历史上影响人类生活和思想方式规模最大和最深远的革命，使人类社会生活和人的现代化迈向更高的境界发展（图 19）。

美国信息科技发展的主因

美国信息科技成功发展的主要因素是：

• R&D（研发）大量投入

1970~1995 年间，美国大量投入基础科学和科技创新的研发，年均投入高达国内生产总值的 2.5%。这 2.5% 的比率，虽然与许多先进国不相上下，但由于美国国内生产总值数额庞大，其投资额从 1970 年的 263 亿美元增长至 1995 年的 1836 亿美元[①]，这是非常惊人的投入数额。

由于美国自建国以来，坚持保护知识产权的政策和具有完善保护知识产权的法规，对私人界在美国投资 R&D 起着积极性的鼓励作用（图 20），让美国私人企业愿意也放心大量投入 R&D。私人企业的 R&D 投入占美国总投入的比重，1970 年时是 39.8%，1980 年是近乎总投入的一半，到了 1995 年时更是高达 60.8%。

图 20　保护知识产权的政策和法规，对美国私人界投资 R&D 起着积极性的鼓励作用

私人企业大量 R&D 的投入，加上政府将大部分政府 R&D 投入的研发交由产业界进行，这一切对信息科技产业的蓬勃发展做出了非常大的贡献，并为美国开发出绝大部分应用性强的科研成果。

• 科技人才济济

1950~1970 年间，美国繁荣昌盛和稳定的社会，加上其不遗余力引进科技人才的政策，又吸引了另一波不满当地时政或向往美国自由学术研究空间的科技人才，纷纷迁移至美国。但这次的人才迁移，除了来自欧洲各国，也涵盖了来自世界各地的科技人才，这包括了 30 位诺贝尔奖的顶尖科学家，例如：获得诺贝尔物理学奖的包括来自中国的杨振宁、李政道（图 21）和崔琦，来自印度的钱德拉塞卡

---

① 参阅附表 2：美国历年 R&D 投入总额。

（Chandrasekhar），来自南非的科马克（Cormack）、来自日本的南部阳一郎与来自德国的代默尔特（Dehmelt）；获得诺贝尔化学奖的包括来自埃及的奇威尔（Zewail）、来自墨西哥的莫利纳（Molina）、来自中国台湾的李远哲与来自日本

图21　共同获得1957诺贝尔物理学奖的杨振宁（左）和李政道（右）

的下村修；获得诺贝尔生理与医学奖的包括来自罗马尼亚的帕拉德（Palade）与来自意大利的杜尔贝科（Dulbecco）等。这新一波外来的科学家，以及美国本土培育的科学家，例如：1942年电子化了计算机的美国物理学家阿塔纳索夫（Atanasoff）；以及1948年发表了"通信的数学理论"的电子工程师兼数学家"信息论之父"香农（Shannon）（图22），以及多位在战前已到美国定居的科学家，他们直接与间接的贡献，为美国在20世纪70年代萌芽的信息科技奠定了基础。

图22　"信息论之父"香农

图23　培养了许多顶尖科学家和科技专家的麻省理工学院

当时，美国有多间拥有一批顶尖科学家和科技专家的著名高等学府和研究院，如麻省理工学院（图23）、加利福尼亚大学、芝加哥大学和普林斯顿高等研究院等。这些高等学府和研究院，除了为美国培育了许多本土的各领域科技人才，同时也吸引了世界各地众多学子竞

相留美，学习美国的高新科技。许多留学生毕业后，长期留在美国工作，甚至有一些选择成为美国公民。这些来自国内外，由美国培育出来的科技人才，分布在美国的高等学府、研究所和从事高新产业的企业里，为刚起步的信息科技发展，提供了一批强大的生力军。

众多外来和本地的科学家与科技专家和科技人员，使美国在 20 世纪 50～70 年代时显得人才济济，带动了信息科技主导技术和支撑性技术的研发和演进，进而推动了在 20 世纪 70 年代萌芽的信息科技革命。

1970～2000 年的近 30 年里，争相留学美国和众多外来从事研究工作者的现象继续延续，加上历任政府坚持奉行利民亲工商的政策，重视科研与人才资源的发展，以及大量的 R&D 投入，让美国培育出许多杰出的经济与科技领域人才。在这 30 年里，美国共出了 116 位诺贝尔科学奖得主，占全球诺贝尔科学奖总数 198 位的 58%，以及 29 位诺贝

图 24　1970～2000 年间，美国共出了 116 位诺贝尔科学奖和 29 位诺贝尔经济学奖的得主

尔经济学奖得主，占全球诺贝尔经济学奖总数 44 位的 65%（图 24），其中移民美国的科学家与经济学家各占 28 位和 8 位。再说，美国第一位获诺贝尔得奖者也是出自移民美国的科学家，2000 年外来移民更占美国诺贝尔奖得主总数的 40%。更惊人的是，根据中国国家发展和改革委员会的经济导报，美国只培养了全球诺贝尔奖得主的 40%，却有多达 70% 诺贝尔奖得主，投身于美国工作。

这一批众多的顶尖学者和经济与科技人才，无论是在研究创新成果、著书论述、为科技与经济发展方向出谋献策或培育科技与经济和企业人才等方面，他们的成就对信息社会和信息经济的形成与迅速演进，有着功不可没的影响，也为美国总体综合国力的发展，起到了非

常积极的作用。再说，他们的声望和他们的存在，也是不断引进人才归向美国的主要因素。

· 科技与企业人才推动信息科技产业的发展

信息科技主导技术与支撑性技术和信息科技产业的发展，主要的推动力是靠美国国防部与企业界的科技人才和工程师以及信息科技公司的企业精英，这包括了：1968 年创立英特尔的科技企业家摩尔（Moore）[①]；1975 年创立微软的企业精英比尔·盖茨（Bill Gates）（图25）；1976 年创立苹果电脑的企业精英

图25 微软公司创办人比尔·盖茨

乔布斯（Jobs）；协助摩托拉（Motorola）在 1984 年普及手提移动电话，号称"手机之父"的主要工程师库珀（Cooper）；服务于美国国际电话电报公司（ITT）的"光纤之父"高锟；"互联网之父"的美国国防部科技专家罗伯茨（Roberts），以及无法在此一一细述的众多科技专家、工程师和企业精英。

· 企业引领世界进入信息时代

20 世纪 70～90 年代间，美国为信息科技公司创造了良好的投资和经营环境，为它们提供一个向前冲刺和发展壮大的广阔空间；信息科技公司也积极吸纳各类科技人才、企业管理人才、金融人才和市场开发人才；美国人不断寻求突破与创新的企业精神，以及美国消费人勇于尝试新产品带动市场的需求，这一切使得信息科技公司呈现出一

---

① 高登·摩尔（Gordon Earle Moore，1929— ）于 1950 年在伯克利加州大学获得化学学士，1954 年又在加州理工学院考获物理学博士学位。毕业后，他加入贝克曼库尔特公司（Beckman Instruments）的肖克利半导体实验室，后来又与同事一起离开，创立了仙童半导体公司（Fairchild Semiconductor）。1968 年他又与其他人创立了英特尔公司，并于 1971 年开发出了第一颗微处理器。在他的领导下，英特尔发展为世界上最大的半导体公司。

片生机勃勃、欣欣向荣的景象。

　　美国政府在 1971 年成立了纳斯达克（Nasdaq）电子证券交易市场，从事信息科技产业的公司更是如虎添翼。因此，除了来自政府大量的研发补助金，更可以通过纳斯达克证券市场的机制，集资作为它们在科研项目开发和扩充营业规模的用途。

　　随着东西方冷战在 20 世纪 80 年代中结束，用以武器军事设备的研发资源相对减少，美国国家科技政策开始倾向民用事业的科技研发，这对已开始起飞的信息科技产业而言，可说是起了推波助澜的作用。同时，大批原本服务于军事研发中心、军事工

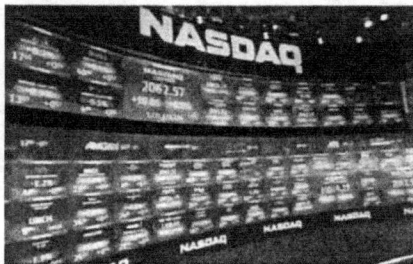

图 26　纳斯达克电子证券交易市场，为信息科技公司提供了上市集资的机制

业或相关产业的各类科学家、科技专家和工程师，也纷纷转而投入信息科技公司服务（图 26）。

　　接踵出现的各种有利条件，为信息科技公司的持续发展和壮大，提供了源源不断的人力、物力和财力的支援。因此，一些 20 世纪 70 年代前从事有关信息科技产业的公司，得以迅速地发展和扩大，例如：美国电话电报公司（AT&T）、惠普（HP）、国际商业机器（IBM）、英特尔（Intel）（图 27）和摩托罗拉（Motorola）等。同时，许多新兴的信息科技公司也有如雨后春笋般在 70 和 80 年代时出现，并以惊人的速度成长，例如：微软（Microsoft）、苹果电脑（Apple Computer）、美国在线（AOL）和思科（Cisco）等。这些公司迄今是世界级信息科技产业的领军大企业，其中美国电话电报公司、惠普和 IBM，在 2008 年"财富杂志"的世界 20 大企业排名榜中，分别排名第十、第十四和第十五，微软的比尔·盖茨更是多年来高踞世界首富荣誉榜（图 28）。

图27　Intel位于美国加州圣克拉拉的总部大厦

图28　微软位于美国华盛顿州雷德蒙德的总部建筑群

　　这些公司为信息技术的研发与提升，以及信息产业高新产品的开发，做出了巨大贡献，它们努力将各种创新成果商业化和推出市场，并把信息科技的产品和用途推广到世界各地，改变了企业的经营方式和消费群众的生活起居，引领世界进入信息时代。

20世纪90年代：信息科技产业成为重要的经济产业

　　在军、产、学相结合的共同奋斗与努力下，信息科技产品不断更新，生产成本大幅度下降，功能与技术也不断迅速提升，用途与影响面之深广更是无处不在。

　　到了20世纪90年代，信息科技产业已成了美国的一项重要经济产业，其产值从1992年的3710亿美元（占国内生产总值的5.9%），快速增长至2000年的8780亿美元（占国内生产总值的8.8%）[①]。信息科技更成了90年代美国各经济领域发展的主要推动力，使美国的经济结构朝向知识密集与技术密集方面转化。应用信息技术勘探经济资源，智能化监控、管理和生产过程，大大地提高了美国传统产业的生产力和竞争力，如工业、矿业和农业等，并推动了产品、企管和行

---

　　① 参阅 John Riew. "The U. S. Information Technology Revolution and Its Impact on U. S. Economy and Beyond," The Pennsylvania State University，October 2006，http://www. e. u-tokyo. ac. jp/cirje/research/03research02dp. html

销等方面的不断创新。能储存与快速处理大量信息的计算机，以及能大量与快速输送信息的通信技术，促进了美国传统的第三产业不断革新和蓬勃发展（图 29），如：金融与保险、公共卫生、保健与医疗、公共服务、公共交通、娱乐事业、批发与零售、教育、传媒、建筑与工程设计等服务行业，同时也带动一些重要新兴服务行业的创立和快速发展，如：商务服务、电子商务等。信息科学与技术也是用于开发新经济领域的主要支撑性技术（图 30），这包括了当代美国和各强国重点开发的新能源、环保绿色产业、海洋资源等新经济领域。

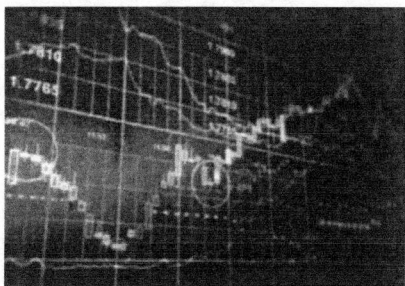

图 29　信息与通信技术促进了美国第三产业，如金融业等的不断革新和蓬勃发展

图 30　信息科技也是用于开发新经济领域，如环保绿色产业等的主要支撑性技术

　　信息产业本身的高度成长，以及信息科技多层面推动各经济领域的转型和革新，促进了美国产业结构的重大变革，也提升了各领域的竞争力、生产力、行政和营运效率，协助美国经济在 1970～1995 年能保持 3％的年均成长率，并促成其 1996～2000 年间回归至 4％的年均成长率，让美国人重拾信心。美国 2000 年的国内生产总值高达 98170 亿美元，占全球总产值的 22％，比世界第二大经济体的日本多了 3 倍。信息科技股为主的纳斯达克指数，从 1995 年也一路暴涨至 2000 年初，同时带动了道琼斯指数的不断成长（图 31），因此在 1996～2000 年这段期间里，美国社会更呈现出了一片繁荣昌盛的好景。

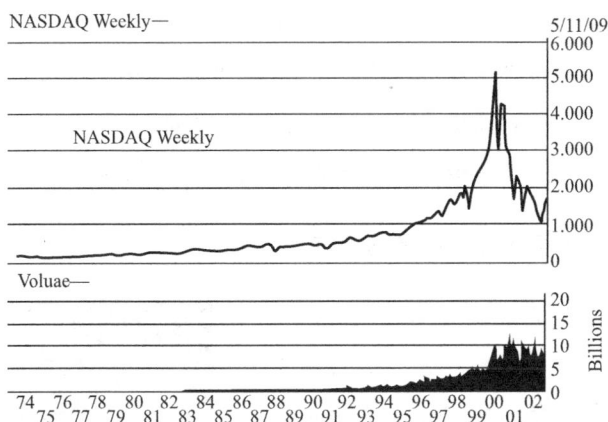

图31　纳斯达克指数从 1995 年的 800 点，一路暴涨至 2000 年初的 5048 点

信息科技推动各门学科的研发与发现

信息科技主导性与支撑性技术成果的应用，对美国在各门学科的研发和重要的发现产生了积极作用，如用于：识别和发现新的基本粒子、控制和观察复杂的化学

图32　使用信息科技识别和发现新的基本粒子

反应过程、证明数学定理和求解数学难题、研究天文现象和地学理论、为遗传学的研究开创了崭新的局面等。可见无论是物理学、化学、数学，还是天文学、地学和生物学，都从信息科学和信息技术不断进步中获益匪浅。这也肯定是美国之所以能在 1970～2000 年间，培养出众多诺贝尔科学奖得主和顶尖科技人才的重要因素之一，强化了美国高新科技和基础科学的探索和研究，让美国人在多个高新科技领域遥遥领先和成功发展，例如核武器和民用核技术、航天技术和卫星技术、成功登月的阿波罗号和太空梭、纳米技术、人类基因与生物信息科技，以及先进的医疗器材等。反过来说，学术界的科技专家，

包括诺贝尔科学奖得主，在各门学科的研发成果，也推动了信息科技产业里的主导技术与支撑性技术的不断研发和创新。在学术界与产业界相辅相成，科研同步发展之下，信息产业的技术和产品的演进，更是日新月异，这进一步加强了美国科技创新大国的地位。

信息科技巩固美国世界超强的地位

信息科技成果的应用，大大改变了美国军事的攻防战略，并促成国防力量不断的跃升，进一步巩固了美国世界超强的地位。无论从侦察和追踪敌军行踪或军事据点、搜集和分析敌方军情与信息、部队的精简和电子机械化、电子化与智能化军事设备和武器及其配备，进行电子干扰，以及通信联络与战场指挥能力的提升等，到处都仰仗着不断研发和创新的信息科技成果的应用。在 1991 年的海湾战争中，美国通过红外与电磁

图33　海湾战争中，美国只用了短短 42 天就打败了伊拉克，证明了信息科学技术在军事应用中的威慑力量

波和其他电子技术的各种干扰手段，使伊拉克的防御侦察失明、通信联络失灵、武器装备与作战指挥失控，以及部队信心丧失，同时利用空间技术与智能导航武器，快速和准确地摧毁了伊拉克的武器装备与军事据点，导致了抗击与作战能力几乎全面瘫痪，只用短短的 42 天就打败了伊拉克，结束了战争（图 33）。海湾战争显示出信息技术发挥了极为关键性的作用，也证明信息科学技术在军事应用中的威慑力量。这不但让世人看到信息技术与高新科技在现代化军事中的重要性，更使许多国家在近年来，竞相学习和模仿美国的军事现代化过程与攻防战略。

由美国引领研发和推广的信息主导与支撑性技术和产品，对近代

人类文明与生活的演进和提升，有着非常深远和巨大的影响，例如：计算机和互联网及信息传播技术的不断进化和普及应用，使得信息传播跨越了地区与时间的局限，缩短了人类互动交流与沟通的距离，人们可通过网络系

图34　企业可通过网络系统，与千万里外不同区域的人进行视频会议

统，不必劳苦地长途跋涉，与千万里外不同区域的人面对面交谈，如企业或行政与学术等机构进行视频会议（图34）、医疗专家的会诊、学生参与远程教育等；同时服务器储存大量信息的功能不断提升，以及搜索引擎的迅速开发，让许多宝贵的资讯，包括数据、知识性和娱乐性等资讯，能在世界各地迅速传播，无论是在先进国或非洲的落后小国，或在南极与北极，甚至于外太空，任何人都可以随时随地自由提取大量有关生活和处事与工作的重要资讯，也造成到处都充满了学习和提升知识的机会，使人们更能贯彻三千年前孔子所提倡的"学而时习之"或现代人常说的"终身学习"，这是现今创造知识型社会所

必备的一项重要条件；信息科技的强大处理能力，协助搜集、整理、数码化和保存文化与艺术信息，强化了人类文明的演变与革新；信息科技在医疗和卫生保健的应用，如核磁共振成像（MRI）等检测技术，也为人类的健康生活做出了巨大的贡献（图35），以及通过卫星收集和功能强大计算机分析的天文气象和地球灾害活动，更能保障人

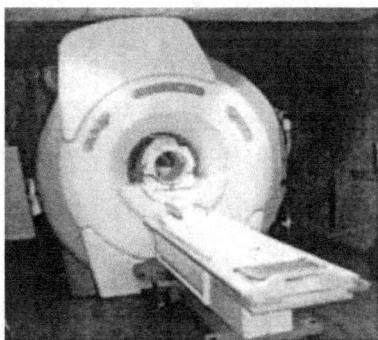

图35　信息科技在医疗和卫生保健的应用，如核磁共振成像（MRI）等检测技术，为人类的健康生活作出了巨大贡献

类生活的安全；还有，根据一些学者的推断，随着信息科技的不断发展，数十年来所产生的资讯，比过去 5000 年来所累积的还要多，在这段时期，人类文明与生活所取得的演变与进化成果，也比人类历史任何时期要来得丰厚。因此由美国倡导和引领的信息科技革命，无可否认对人类文明发展和人类生活的提升，带来了巨大贡献。

值得一提的是，由于美国倡导的信息科技革命的强大经济推动力，带动了全球经济格局的重大变革。信息科技不但促进世界经济全球化，也带动了 20 世纪 70 年代以来经济停滞不前的欧洲先进国恢复了成长动力，同时协助了日本经济与产业结构的迅速变革，使她能持续保有先进经济大国和创新大国的地位。尤其是一些新兴的经济体，如资源极度短缺的韩国与中国台湾，更得力于信息产业的开发，成功转型为知识密集与技术密集的经济体，使她们的经济在八九十年代时强劲成长。从 1980 年到 1998 年亚洲金融风暴前，韩国与中国台湾的国内生产总值年均成长率分别高达 8.2% 和 6.8%。

到了 2000 年，美国的综合国力，无论是经济、科技与军事力量，或者是政治与文化的影响力，世上没有任何一个国家能与之匹敌，连一度曾经与她分庭抗礼的军事大国前苏联（现今的俄罗斯），以及战后再度崛起为经济大国的日本与德国，还有近期经济快速崛起的中国，都被远远地抛在后头。这也让美国人重新拾回引领世界的信心。美国之所以能取得如此骄人的成就，综观上述，终归一句：是以科技为本的治国战略和奉行不断创新的精神。

20 世纪 90 年代，世界第一强综合国力的美国，进入 21 世纪后的 10 年来，连年遭受多次严重的打击，这包括了：2001 年初股票市场暴跌、2001 年的 911 事件、深陷阿富汗与伊拉克战争，以及 2008 年的金融风暴，这些打击不但创伤美国的工商经济，也让美国士兵与老百姓感受困苦，更动摇了美国领导与支配世界的地位

（图36）。俄罗斯总统梅德韦杰夫、加拿大反对党领袖因格纳蒂夫，及世界多位政经人士与学者，他们都认为美国权力的鼎盛期已过去，并即将结束其领导世界的地位。连美国国家情报委员会也预测美国的支配地位到2025年将大幅度削弱。

图36　2008年的金融风暴，动摇了美国领导与支配世界的地位

美国是否有如一些人的设想与预测：超强的美国将从此快速衰败下去？答案是难于肯定的。就算是古罗马帝国，在国势达到最高峰后的衰退时，依然延续了三个多世纪的统治才灭亡。还有，当英国在18世纪末失去美洲殖民地时，沃波尔（Horace Walpole）[①]曾感叹英国已沦落到"像丹麦或撒丁岛一样微不足道的国家"，他也完全没有料到，工业革命却让英国在19世纪重振雄风，崛起为世界第一工业与军事大国。何况美国拥有超强的科技与军事力量、短期内难于动摇的美元特殊地位、仍是占全球生产总值24%的特大经济体，以及是一个自由民主和法治的模范社会。因此，只要美国愿意改变过去实行的本国利益至上和独霸世界的国际政治思维，不再重蹈小布什极力奉行的单边主义和穷兵黩武战略，以及调整其过度放任的经济与金融政策，同时坚持重视科技研发与人力资源发展和自由市场的政策，并以其现有的强大科技力量与占有非常高的世界经济比重，以及加强国际间的相互协调与合作框架，美国有望能够确保其继续引领世界的文明大国地位，进而为21世纪构建一个和平、稳定、公平、互重、求同存异、百花竞艳的和谐新世界。

---

　　① 沃波尔（Horace Walpole，1717~1797），出生贵族，第四代英国牛津伯爵，为当时著名的艺术史家、作家、古文物研究者和政治家。

2009 年 1 月出任美国总统的奥巴马先生，是第一位在任不到一年就获得诺贝尔和平奖的美国总统（图 37）。他的国际政治战略思维，似乎有意改弦易辙，愿意放弃鹰派独霸世界的单边主义路线。上任后一年内，奥巴马彻底改变了小布什咄咄逼人和充满了傲慢与偏见的牛仔外交政策，放软身段和以谦卑姿态走向国际舞台，并以务实的外交（图 38），调整了对欧盟、俄罗斯、拉美、朝鲜、伊朗、苏丹、缅甸和联合国的政策，与它们改善和加强了关系，开始重视对伊斯兰世界和非洲的关系，积极推动巴勒斯坦和以色列重启和谈，将反恐战争重点从伊拉克移至阿富汗，以及在 2009 年 11 月出访亚洲时，进一步改善与东盟和中国的关系。

图 37　奥巴马于 2009 年 1 月出任美国第 44 任总统

图 38　奥巴马放软身段，采取务实外交，这新策略有利于世界的和平、安宁和可持续发展

上述纯粹是策略与手法上的调整和外交方式的变化，加上前朝政府多年来实施霸道的强硬外交政策，累积了太多的仇恨，再加上错综复杂的国际间利害关系，各国独特的历史与宗教渊源和不同的政治取向，以及美国国内的利益集团和极端保守主义追随者，为了一己之私，对奥巴马的新外交政策多番横加阻挠，使奥巴马的新外交策略，一时间无法取得各国与世人的信任，尚未获得热烈的响应和显著的成果。但不管怎样，这新策略，客观上有利于世界的和平、安宁和可持续性发展，世人应予肯定和欢迎。这新策略也有利于美国形象的提

升，美国人也再无法坚持以往强霸领导他国的作风，美国人应给予大力的支持。

奥巴马很不幸，一上任就碰到国际金融大风暴和美国国际影响力的不断下滑，他为这百年一遇的双重危机，制定了一系列的应对措施。奥巴马在未当总统前，就已深谙科技与创新对国家发展的重要性，他在竞选总统时，史无前例地得

图 39　在 2009 年推出的 7870 亿美元经济刺激方案中，奥巴马拨出了超过 1000 亿美元投向科技领域用以支持高新产业发展

到 76 位诺贝尔奖得主的公开支持，更深受他们期望恢复和强化传统科技建国国策的影响。因此，在他的应对措施中，特别强调科学、技术和创新是应对危机的最佳方案，也是解决美国面临诸多紧迫问题的关键。在 2009 年 2 月出炉的 7870 亿美元经济刺激方案，他拨出了超过 1000 亿美元投向科技领域用以支持高新产业发展（图 39），他更在 2009 年 4 月美国国家科学院第 146 届年会上宣布，将把美国 GDP 的 3％投于研究和创新，成倍增加美国国家科学基金会（NSF）、美国国家卫生研究所（NIH）、能源部科学办公室（DoEScience）3 家国家主要科研机构的经费。奥巴马政府也采取了一系列措施，在国家优先开发的各科技领域，鼓励企业和民间组织大力投资，以及积极参与研发和创新活动。在奥巴马的演说中，一而再提到科技创新的重要性，比如：在总统就职演说中："我们要把科学恢复到它应当的位置。"；在美国国家科学院第 146 届年会上说："科学对我国繁荣、安全、健康、环境和生活质量的重要性超过以往任何时候。科学让位于意识形态的日子已经成为历史。"这充分表现出，奥巴马要重拾美国先贤们所提倡的科技建国理念，以保持美国作为世界头号科技强国的地位，进而恢复其国际竞争优势，希望能再度引领世界。

奥巴马经济刺激方案的科技政策着重点：

一是应对全球性能源短缺和气候变化。美国作为能源消费和排放二氧化碳第一大国，不但拒绝签署京都协议，并且为了保证石油顺畅供应的私利，不断在产油区域挑起事端

图 40　奥巴马：领导世界创造清洁能源和再生能源的国家，将是在 21 世纪引领世界的国家

和战争，引起了许多国家的反感，甚至于憎恨。近年来小布什唯我独尊的高压手段，连一些西方盟友也颇有怨言，令美国更加不受欢迎和陷入孤立。奥巴马认为："领导世界创造清洁能源和再生能源的国家，将是在 21 世纪引领世界的国家（图 40）。"因此新能源开发和降耗、节能、减排，是奥巴马科技新政投资中的重中之重。通过科技新政，提高清洁能源和再生能源的生产与使用，以及减低二氧化碳的排放，他计划用 3 年时间，促使美国可再生能源产量增加一倍，并通过智能化供电网等方案提高 3/4 联邦政府建筑及 200 万户家庭的节能效率，以及大力推动绿色交通系统和工具的研发、建设与使用。他要培育一个强大的"绿色"产业来恢复美国的工业，作为美国经济结构调整的一个重要基础，重整经济和对气候变暖负起大国的责任，以期赢回世界对美国失去的信心。

二是推动美国医疗保健革新。由于美国社会的医疗保健过于昂贵，造成医保对一般普罗大众的可及性和公平性低弱，奥巴马宣誓就任总统时，对当前的这种现状深表痛心。甫一上任，他明确提出要确保全民都能获得适当的医保覆盖，让医保成为人人都负担得起和享受得到的服务。奥巴马在其医保改革方案中，非常重视医疗科研与高新科技的应用，尤其是信息科技的应用（图 41）。在宣誓就职演说中，他用极富激情的话语指出："我们将回归科学，运用科技的奇迹提高

医疗质量，降低医疗费用。"他加重医疗科研的投资，如承诺 5 年内支持癌症研究的预算将翻倍，同时为医学应用前景非常广阔的干细胞研究松绑等。他强化信息技术与互联网的利用，建议在未来五年内，每年投入 100 亿美元，建立全民健康电子讯息系统，帮助医疗部门建立

图 41　奥巴马在其医保改革方案中，非常重视医疗科研与高新科技的应用，尤其是信息科技的应用

合作网络，以及通过普及应用信息数码化技术，更有效地记录和查询患者信息，加强医患之间的沟通，减少医患矛盾等。由此可见，在未来美国医疗行业的发展过程中，奥巴马决心将医疗科研和信息技术作为一股不可忽视的力量。

　　三是美国政府机构再度重用科技人才。奥巴马决心恢复并提高总统科技顾问的职位与地位，并着手成立总统科学顾问委员会，以强化科学在决策议程中的作用。他提出要设立首个国家首席技术官，同时任命具有较强科技背景的人选担任相关政府要职，如委任绿色能源专家诺贝尔物理学奖得主朱棣文博士为能源部长（图 42）等，意图增进各部门的科技力量和跨

图 42　奥巴马委任诺贝尔物理学奖得主朱棣文博士为能源部长

部门在技术上的沟通与合作。他确保白宫及相关联邦机构的科技咨询委员会的独立，恢复以专家为中心的政府科学决策机制。奥巴马的这些方案，将使美国科学与科技政策的制定与实施更具完善性、公正性和有效性。

　　四是确保军事国力和国家与国土安全。奥巴马复兴国土安全先进

研究计划局和恢复国防部高级研究计划局，大力支持前沿科学和技术的研发与创新，以科技保障国家国土安全。例如：加大力度研究新病毒与新疫苗，以及通过上述服务于日常健康治疗的电子信息系统，未雨绸缪应对突发性的生物武器恐怖袭击；奥巴马政府认为，美国需要一个高科技含量、军民两用和强有力空间项目计划的研发与建设，并鼓励民间参与和吸引民间资金的介入，作为国土安全防御、防自然灾害等多个民事领域的用途，以及保证美国在空间领域的优势和巩固美国在空间科学的领导地位。

五是重建一支强大的科技队伍。近年来，美国青年愿意进入科技相关行业和从事科研的人数逐年减少，就大学攻读理工科专业的人数比例而言，美国 30 年前在发达国家中居第三位，而如今已跌到第 17 位，加上 "9·11" 以来，美国日渐严格的移民政策，外来

图 43　奥巴马认为，提升本土科技人力资源的增进，需要从学校抓起，还要加大对教育基础设施的投入

留美和工作的科技人才相对减少，再加上美国政府对理工领域几乎所有学科的发展经费和科研投入都明显不足，从科研投入占国内生产总值的比例来看，21 世纪这几年来，美国政府在科研投入的比重，与 20 世纪 80～90 年代相比跌了整 25%。这无形中削弱了科技在美国建国中一路来所扮演的重要角色，并威胁到美国在许多特新科学领域的领导地位。面对危机的挑战，奥巴马认为，提升本土科技人力资源的增进，需要从学校抓起，还要加大对教育基础设施的投入（图 43），积极鼓励多学科研究与教育，在全国范围内加强科学教育与培训，并激发美国国民对科学与工程的兴趣；为了恢复和强化吸引全球更多优秀科技人才的魄力，奥巴马建议进行全面的移民改革，实行更宽松的

绿卡政策和 H－1B 签证（特殊专业人员临时工作签证）计划。从奥巴马提出设立 180 亿美元的教育资助计划和移民改革的配套计划，美国政府将增加对研发的投入，在未来 10 年内让主要科技机构的研究预算翻一番，以及鼓励民间企业加大科研的投入来看，奥巴马是决心恢复近年来逐渐流失的美国工程科技劳动力，进而扩大科学研发与工程科技队伍的规模，再度让科技人才引领美国各领域的迅速发展。

六是信息科技（IT）再度扮演带动经济的要角。信息科技产业在 20 世纪末，曾是美国综合经济产业的一个重要组成部分，信息技术更是各个经济领域革新、突破和发展的主要驱动力。奥巴马的新政凸显了再度引用信息科技，以带动美国下一轮的经济增长。在他的经济刺激策略和科技新政中，无论是能源、环保、医保、国家国土安全、科研与教育的投资，都显示出他对信息技术极其倚重。他建议利用信息技术和科研成果改造传统基础设施和传统行业，使未来的基础设施更先进、更能应对未来民生与经济发展的挑战，以及恢复如汽车等传统经济领域的竞争力。在奥巴马的经济刺激方案中，他动用了 72 亿美元作为改善网络宽带通路，并鼓励私人企业投资进入宽带服务，以及大力支持基础和应用信息研究计划，包括推广普及下一代宽带互联网等。他提出要善用"普及服务基金"（Universal Service Fund），配合各种优惠税制和贷款便利，鼓励企业与民间参与研发新一代宽带互联网，并把宽带互联网推广至乡下地区和农村等，以提升农业生产力。奥巴马新政对信息科技的重视，以及经济刺激方案中对相关信息产业的投入，加上凭借在传统的信息技术、信息产业领域的全球竞争优势，信息产业仍将是美国总体经济产业的重点之一，而信息技术更将是美国的增长引擎，以及各经济领域突破与创新的主要催生动力。

七是创造更具竞争力的科技创新环境。为了致力创造一个更有利于美国民间和企业界的创新环境，除了以上所提的多项增进科技发展和加大科技队伍的策略，奥巴马建议改革专利体制，拨款予美国专利商标局（PTO），以建立更开放和透明的专利申请程序，使民众和企业更容易获取专利资讯，减少浪费时间与资源的不必要专利诉讼，达到提升专利质量的目标。奥巴马提出使鼓励研发的可退税制度永久化，鼓励企业长期投资于科研人力资源、设备和研发项目。他也将加大"制造业发展伙伴关系计划"支持经费的投入，加强科研专才与企业之间和企业与企业之间的合作，用以发展下一代工农技术，以及大力支持基础科学和应用技术研究计划，以提高美国的生产和创新能力，重塑美国在制造业与农业领域的领导地位。

奥巴马政府的外交、经济与科技等政策的革新，若能获得支持与实现，尤其是在环保方面若能加大一把劲，美国将有希望以一个强大、负责任与文明先进的大国，重占世界的领导地位，美国的能源、医疗、信息产业的新战略，也将大力带动全球产业格局的调整，美国更将再度成为文明先进社会的表率。奥巴马新政的这种战略性转变，配合美国在经济、科学、科技与创新的既有力量，不单符合美国短期、中期和长期的利益，更能造福于全人类。

结语

美国自建国伊始至今，虽历经了一个又一个的国家危机与经济难关，但都能化险为夷，并从一个落后的农业社会，发展成为百年来至今不衰的强大文明第一大国。概括而言，主要是因为美国的历任政府、企业界、专家学者，乃至于广大的人民，一路来都清楚认识到科学的巨大威力和重要性，以实际行动进行和应用科技创新，并积极培育本土与吸引国外的科技人才，同时也为科技创新打造一个开放、自由竞争、法治和保护知识产权的良好环境，让美国走上了科学建国的正确之路。美国政府无论是在保障国家的安全、繁荣，提高人民的健康水平和生活质量上，科学是一项关键要素，而且一直是美国的国家工作重点。美国的科学研究事业一直得到联邦政府大力支持，以及民间研究机构的全力配合，加上美国多样性基础科学研究之广之深，不单通过科学解决了许多国家与社会所面临的迫切问题，并由于美国人普遍热爱和勇于尝新，让科学与科技创新成果迅速转化为具体利益。进行科学探索和科技创新时，虽然难以预料其所能够取得的成果，但美国对科研创新的执著，却不断为她带来很具价值的成就。第一次世界大战以来，尤其是自第二次世界大战之后，无论是在军事和民事方面，或是在海、陆、空和外太空，美国通过科学与科技创新取得了有目共睹的骄人成果。

从美国所面临的机遇与挑战，以及奥巴马政府的应对策略来看，美国将和过去一样集中科学与科技界最优秀的人才，调动官、产、学三方面以及公众对科学技术研发与创新的积极性，审时度势，利用自身优势制定最为有效的行动方案，大力开展有助于解决当前国家与社会面临的各种问题的科学研究，以期恢复国家的生产力和竞争力。奥巴马的科技新政，也将促进政府与私有研发机构不断挑战自我，不断将各学科的前沿向前推进，这将进一步巩固美国软硬实力①在世界的领导优势。

若奥巴马的科技新政能得以落实，美国科技建国策略能得以延续，以及美国愿放弃独霸世界的野心，美国将能在 21 世纪与世界各国，携手共同建设一个和谐、繁荣、可持续发展的新世纪。

终归一句，科研和科技创新与美国过去及未来的成功发展与强大有着不可分割的关系。

---

① 软实力的概念是由哈佛大学教授约瑟夫·奈所提出，指国际关系中，一个国家所具有的除经济、军事以外的第三方面的实力，主要是文化、价值观、意识形态、民意等方面的影响力。硬实力则指国际关系中，一个国家通过军事和/或经济实力，影响其他国家的行为或决策。相较于软实力，硬实力是更激进的，且通常是使用于军事和/或经济实力相对弱的国家。

附表 1：美国历年国内生产总值（国际汇率）

年份	国内生产总值（国际汇率）（10亿美元）	年份	国内生产总值（国际汇率）（10亿美元）	年份	国内生产总值（国际汇率）（10亿美元）	年份	国内生产总值（国际汇率）（10亿美元）
1790	0.2	1818	0.7	1846	2.0	1874	8.4
1791	0.2	1819	0.7	1847	2.4	1875	8.1
1792	0.2	1820	0.7	1848	2.4	1876	8.2
1793	0.3	1821	0.7	1849	2.4	1877	8.3
1794	0.3	1822	0.8	1850	2.6	1878	8.3
1795	0.4	1823	0.8	1851	2.7	1879	9.4
1796	0.4	1824	0.8	1852	3.0	1880	10.4
1797	0.4	1825	0.8	1853	3.3	1881	11.6
1798	0.4	1826	0.9	1854	3.7	1882	12.2
1799	0.4	1827	0.9	1855	3.9	1883	12.3
1800	0.5	1828	0.9	1856	4.0	1884	11.8
1801	0.5	1829	0.9	1857	4.1	1885	11.4
1802	0.5	1830	1.0	1858	4.1	1886	12.0
1803	0.5	1831	1.0	1859	4.4	1887	13.0
1804	0.5	1832	1.1	1860	4.3	1888	13.8
1805	0.6	1833	1.1	1861	4.6	1889	13.8
1806	0.6	1834	1.2	1862	5.8	1890	15.2
1807	0.6	1835	1.3	1863	7.6	1891	15.5
1808	0.6	1836	1.5	1864	9.4	1892	16.4
1809	0.7	1837	1.5	1865	9.9	1893	15.5
1810	0.7	1838	1.6	1866	9.0	1894	14.2
1811	0.8	1839	1.7	1867	8.3	1895	15.6
1812	0.8	1840	1.6	1868	8.1	1896	15.4
1813	1.0	1841	1.6	1869	7.9	1897	16.1
1814	1.1	1842	1.6	1870	7.8	1898	18.2
1815	0.9	1843	1.6	1871	7.7	1899	19.5
1816	0.8	1844	1.7	1872	8.2	1900	20.7
1817	0.8	1845	1.8	1873	8.7	1901	22.4

续表

年份	国内生产总值 （国际汇率） （10 亿美元）	年份	国内生产总值 （国际汇率） （10 亿美元）	年份	国内生产总值 （国际汇率） （10 亿美元）	年份	国内生产总值 （国际汇率） （10 亿美元）
1902	24.2	1929	103.6	1956	437.5	1983	3536.7
1903	26.1	1930	91.2	1957	461.1	1984	3933.2
1904	25.8	1931	76.5	1958	467.2	1985	4220.3
1905	28.9	1932	58.7	1959	506.6	1986	4462.8
1906	30.9	1933	56.4	1960	526.4	1987	4739.5
1907	34.0	1934	66.0	1961	544.7	1988	5103.8
1908	30.3	1935	73.3	1962	585.6	1989	5484.4
1909	32.2	1936	83.8	1963	617.7	1990	5803.1
1910	33.4	1937	91.9	1964	663.6	1991	5995.9
1911	34.3	1938	86.1	1965	719.1	1992	6337.7
1912	37.4	1939	92.2	1966	787.8	1993	6657.4
1913	39.1	1940	101.4	1967	832.6	1994	7072.2
1914	36.5	1941	126.7	1968	911.0	1995	7397.7
1915	38.7	1942	161.9	1969	984.6	1996	7816.9
1916	49.6	1943	198.6	1970	1038.5	1997	8304.3
1917	59.7	1944	219.8	1971	1127.1	1998	8747.0
1918	75.8	1945	223.1	1972	1238.3	1999	9268.4
1919	78.3	1946	222.3	1973	1382.7	2000	9817.0
1920	88.4	1947	244.2	1974	1500.0	2001	10128.0
1921	73.6	1948	269.2	1975	1638.3	2002	10469.6
1922	73.4	1949	267.3	1976	1825.3	2003	10960.8
1923	85.4	1950	293.8	1977	2030.9	2004	11685.9
1924	87.0	1951	339.3	1978	2294.7	2005	12433.9
1925	90.6	1952	358.3	1979	2563.3	2006	13194.7
1926	97.0	1953	379.4	1980	2789.5		
1927	95.5	1954	380.4	1981	3128.4		
1928	97.4	1955	414.8	1982	3255.0		

资料来源：US Bureau of Economic Analysis 美国商务部经济分析局。

附表 2：美国历年 R&D 投入总额和 R&D 占 GDP 总额比率

年份	R&D 投入总额（百万美元）	GDP 总额（10 亿美元）	R&D/GDP 比率	联邦政府 R&D 投入	产业界 R&D 投入	其他 R&D 投入	联邦政府 R&D/GDP	非联邦政府 R&D/GDP
1953	5160	379	1.36%	2783	2247	131	0.73%	0.63%
1954	5617	380	1.48%	3098	2375	144	0.81%	0.66%
1955	6281	415	1.51%	3603	2522	156	0.87%	0.65%
1956	8500	438	1.94%	4978	3346	176	1.14%	0.81%
1957	9908	461	2.15%	6233	3470	206	1.35%	0.80%
1958	10915	467	2.34%	6974	3707	234	1.49%	0.84%
1959	12490	507	2.47%	8167	4065	258	1.61%	0.85%
1960	13711	526	2.60%	8915	4516	280	1.69%	0.91%
1961	14564	545	2.67%	9484	4757	323	1.74%	0.93%
1962	15636	586	2.67%	10138	5124	375	1.73%	0.94%
1963	17519	618	2.84%	11645	5456	418	1.89%	0.95%
1964	19103	664	2.88%	12764	5888	451	1.92%	0.96%
1965	20252	719	2.82%	13194	6549	510	1.83%	0.98%
1966	22072	788	2.80%	14165	7331	576	1.80%	1.00%
1967	23346	833	2.80%	14563	8146	638	1.75%	1.05%
1968	24666	910	2.71%	14964	9008	695	1.64%	1.07%
1969	25996	985	2.64%	15228	10011	757	1.55%	1.09%
1970	26271	1039	2.53%	14984	10449	838	1.44%	1.09%
1971	26952	1127	2.39%	15210	10824	918	1.35%	1.04%
1972	28740	1238	2.32%	16039	11715	986	1.30%	1.03%
1973	30952	1383	2.24%	16587	13299	1066	1.20%	1.04%
1974	33359	1500	2.22%	17287	14885	1187	1.15%	1.07%
1975	35671	1638	2.18%	18533	15824	1314	1.13%	1.05%
1976	39435	1825	2.16%	20292	17702	1441	1.11%	1.05%
1977	43338	2031	2.13%	22071	19642	1625	1.09%	1.05%
1978	48719	2295	2.12%	24414	22457	1849	1.06%	1.06%
1979	55379	2563	2.16%	27225	26097	2057	1.06%	1.10%
1980	63224	2790	2.27%	29986	30929	2309	1.07%	1.19%

续表

年份	R&D投入总额（百万美元）	GDP总额（10亿美元）	R&D/GDP比率	联邦政府R&D投入	产业界R&D投入	其他R&D投入	联邦政府R&D/GDP	非联邦政府R&D/GDP
1981	72292	3128	2.31%	33739	35948	2605	1.08%	1.23%
1982	80748	3255	2.48%	37133	40692	2922	1.14%	1.34%
1983	89950	3537	2.54%	41451	45264	3235	1.17%	1.37%
1984	102244	3933	2.60%	46470	52187	3586	1.18%	1.42%
1985	114671	4220	2.72%	52641	57962	4068	1.25%	1.47%
1986	120249	4463	2.69%	54622	60991	4635	1.22%	1.47%
1987	126360	4740	2.67%	58609	62576	5175	1.24%	1.43%
1988	133880	5104	2.62%	60130	67977	5773	1.18%	1.45%
1989	141889	5484	2.59%	60464	74966	6459	1.10%	1.48%
1990	151990	5803	2.62%	61607	83208	7175	1.06%	1.56%
1991	160872	5996	2.68%	60780	92300	7792	1.01%	1.67%
1992	165347	6338	2.61%	60912	96229	8206	0.96%	1.65%
1993	165726	6657	2.49%	60524	96549	8653	0.91%	1.58%
1994	169202	7072	2.39%	60773	99203	9226	0.86%	1.53%
1995	183620	7398	2.48%	62964	110870	9785	0.85%	1.63%
1996	197340	7817	2.52%	63389	123416	10535	0.81%	1.71%
1997	212144	8304	2.55%	64568	136227	11348	0.78%	1.78%
1998	226456	8747	2.59%	66376	147845	12235	0.76%	1.83%
1999	245041	9268	2.64%	67046	164660	13335	0.72%	1.92%
2000	267562	9817	2.73%	66406	186136	15019	0.68%	2.05%
2001	277745	10128	2.74%	72826	188440	16479	0.72%	2.02%
2002	276602	10470	2.64%	77699	180711	18191	0.74%	1.90%
2003	289038	10961	2.64%	83606	186174	19259	0.76%	1.87%
2004	299905	11686	2.57%	88749	191377	19779	0.76%	1.81%
2005	323005	12434	2.60%	93734	207841	21430	0.75%	1.84%
2006	347871	13195	2.64%	97701	227276	22894	0.74%	1.90%
2007	368098	13844	2.66%	98331	245027	24740	0.71%	1.95%

资料来源：National Science Foundation，Division of Science Resources Statistics 美国国家科学基金科学资源统计部。

14

日本：科技创新使日本变为世界经济与科技大国

写于 2011 年 4 月

日本是个天然资源非常匮乏的岛国。70％的日本国土面积是不适宜耕种的高山地带，扣除了河川与沿海地带和居住与生活的地段，可耕地面积只占国土的 10％左右。

日本用于国家经济与发展的重要矿物资源，几乎完全依靠进口，例如：煤炭、铁矿石、铝矾土和磷矿石百分之百进口；石油与天然气对进口的依存度非常高，可说是近乎完全靠进口；许多日本尖端产品不可缺的稀有金属，甚至于日本高度重视核能发电的燃料——铀，也基本上依靠进口。

地质上日本列岛地处亚欧板块与太平洋板块交界处。太平洋板块不断向西移动，不断碰撞亚欧板块。在两大板块碰撞、压挤之下，交界处的岩层不断产生变形、断裂，不时引发火山爆发与地震现象，使日本处于火山、地震活动频繁地带。全球十分之一的火山位于日本，全国时常爆发火山灾害。严重的地震则每一个世纪都会在日本发生几次。

为何一个可耕地短缺、经济矿物资源极度贫乏、天灾不断发生的日本，能够一度成为军事大国、一度成为世界工厂、多年占据世界第二经济大国的地位？重视科学技术，以及不断在各领域提倡革新与创新，是成就日本的极为重要关键要素之一。

江户幕府封建统治的瓦解

在 17 世纪 40 年代，统治日本的江户幕府和当时统治中国的清朝一样，由于害怕西方自由民主政治意识形态，会影响其保守封建的统治地位，以及害怕被视为邪教的天主教思想的入侵，坚持了长达 200 年的"锁国政策"。与世隔绝的锁国政策，使日本与当时蓬勃发展的西方科学和工业失之交臂，加上幕府日渐腐败的封建统治制度，造成科技和工业发展停滞不前，国力日渐衰退，难以抗拒外来的入侵（图1）。

西方列强发动的鸦片战争（第一次鸦片战争：1840～1842年，由英国发动；第二次鸦片战争：1856～1860年，由英法两国联合发动），清朝政府和中国人民受到西方列强的百般欺凌，又要赔款，又要割地和签署不平等条约求和。之后西方列强也利用利坚的战船和威力强大的猛烈炮火，胁迫敲开中国的国门，屡屡对中国进行欺压、霸占、强取、豪夺。西方列强这种野蛮无理行径的消息传到日本，震惊了日本朝野上下。

图1 江户幕府最后一任将军德川庆喜

日本虽然没有重要的经济矿物资源，但日本位居远东航线的末端，却具有重要的战略地位。从18世纪日本就开始进入西方列强的殖民扩张视野。由于日本列岛是俄罗斯帝国东面海域的门户，俄国对日本更是虎视眈眈。早在18世纪初叶，俄国就开始不断向千岛群岛扩张势力，并在18世纪至19世纪初，通过不同手段多次要求日本开港通商。在18世纪至19世纪中叶，当时的"世界霸主"英国，多次试图入侵日本，派遣军舰强行登陆。然而，俄、英两国始终都没法圆其殖民日本之梦。在19世纪中叶，后进的美国却成了敲开日本国门的急先锋。美国多次遣使要求建交均遭日本拒绝后，决意诉诸武力。在1853年6月～1854年1月期间，美国派遣东印度舰队司令官培理（图2）率领多达11艘军舰，成功强行入驻日本的浦贺港湾。培理军舰的入侵就是日本史上著名的"黑船事件"①。在形势比人强的巨大武

---

① 美国军舰船身漆成黑色，以蒸汽为动力，冒着黑烟，因此日本人把培理舰队的叩关通称为"黑船事件"。

力胁迫下，日本终于在 1855 年 2 月打开国门（图 3）。之后，英、俄、荷等国依样画葫芦，陆续胁迫日本开放多个通商港口。至此江户幕府奉行了 200 年的锁国体制已几乎完全崩溃瓦解。

图 2　美国东印度舰队司令官培理

图 3　黑船事件迫使日本于 1855年 2 月打开国门

打开国门后的 14 年里，江户幕府饱受内外交困。无法抗拒外侵已不得人心，与列强签署辱国丧权的不平等条约更是尽失人心。这些条约导致朝中改革派与保幕派的斗争加剧。不平等条约对日本的工、农、商等经济领域带来了无情的打击，造成日本整体经济陷入一片混乱、国内黄金与白银大量流失、严重阻碍日本民族企业的发展、物价飞涨、人民生活恶化，不断引发工农阶级人民的起义抗争和暴动。经济困境和社会动荡不安，对本已摇摇欲坠的江户幕府政权更是雪上加霜，改革与倒幕之声浪有如潮水般汹涌而至，此起彼落。幕府政权残存苟延了 14 年后，终于在 1868 年初垮台。

明治维新时代（1868～1912 年）——科技建国的伊始

幕府政权的终结，让日本进入了"明治维新时代"，一个让日本社会脱胎换骨、改革和改变国运的大时代。明治维新也是促进日本国策重大变革，以及是孕育日本科技发展的温床。明治维新时期更是日本发展史上，从落后小国转型为先进大国的分水岭。

幕府朝代末期，14 年的惨痛经历，同时，看到邻国的清朝政府抱残守旧、不思变革，原是泱泱大国的政府和人民，被西方列强欺压得毫无反抗之力，落得悲惨的命运。总结中日两国所受到的教训，以及打开国门与西方重新接触后，更让日本人理解到，200 年的与世隔绝，自己的国家跟西方国家相比，原来是那么的落后，痛定思痛，明治新政权坚决认为，唯有大力全面改革国家政经文教和军事等的政策与制度、求知识于世界、寻求欧美列强的支持、全盘西化和重视科技发展，才能不受人凌辱和被人鱼肉，以及能洗清国耻。

明治元年（1868），日本政府以《五条誓文》作为明治维新的改革基础，并以富国强民为目标进行多项改革。这主要包括了：废除长久以来施行的幕府腐败封建制度、政治制度改革、军事改革、教育改革，以及经济改革等。其中：政治改革，并没有真正让日本走入民主治国的时代，真正走上资本主义发展的康庄大道，反而形成了天皇（图 4）和武士阶层联合专制政体，促进封建军国主义

图 4 日本明治天皇

的诞生；军事改革，一方面固然是为了防止西方列强的持续侵略，但主要还是为了迎合其军国主义的国情，沿用武士道的好战精神，霸占他国领土，满足其非分的军事霸权野心，然而，军事改革却也为日本的工商业与科技发展，带来了一定的贡献；教育与经济的改革，尤其是教育改革里重视全民教育和科技教育的政策，经济改革里的吸取西方先进技术和机械与器材，以及沿用西方以科技创新推动工商业经营与发展的政策，却是在后期，使日本推向先进发达文明国家的最主要动力。

日本在明治维新时代前期的 19 世纪 70 年代初，为了追上西方国家工业及基础建设的先进水平，派遣了一支由岩仓具视特命全权大使

带领的百人使节团（图 5），花了整两年（1871～1873 年）的时间，到西方去求经。先后访问了美国和欧洲 11 个国家，为日本引进了制钢业和纺织业等的先进技术。日本更利用 1877 年成立的"日本银行"（Bank of Japan），资助日本留学生到欧美，学习当时由欧洲工业革命带动发展的

图 5　岩仓具视大使（居中者）与使团代表

新科技。这初步奠定了日本以科技建国和走向先进工业国的基础。

在幕府末期明治之初时，日本自认为其教育普及程度已有相当水平。直到 1873 年，接到岩仓具视使节团考察欧美各国归来后的报告，才知道自己的教育还不够普及化，各学科，尤其是科学教育也有很大的不足。考察团的报告让日本清楚认识到，普及教育是日本人立身立国之本，而科学教育更是成就日本千秋霸业的根本资源。因此，明治政府决定废除教育只是士人以上之专权，而决定将教育大力全面普及至农工商，以及妇女的平民大众。明治政府执政期间，在其政府预算中，不断增加教育经费，至明治末年，全年教育经费已高达国民总收入的 3%。

日本政府更为该国的年轻学子，提倡了一套以西方教育系统为基础的新教育制度，一方面派遣几千名学生到欧美留学，另一方面则聘请了 3000 名欧美的老师和专才，到国内教导现代科学、数学、科技，以及西方外语。同时，为了落实在基础建设和工业发展能尽快追赶上欧美的先进水平，不惜以重金短期聘用众多来自西方有经验的工程师和熟练的科技人员。一些外聘的高级工程师和科技人员，其薪酬的丰厚，甚至和当时的日本内阁部长的薪酬一样高。这些工程科技人员，在 1875 年多达 250 人。他们带动了日本在铁道工程、电信系统、钢铁造船业、军工业、钱币制造业和煤矿业的发展（图 6），以及协助日

本采购先进的机械和引进先进的
技术。他们也协助培训本土的工
程师和科技人员。一直到部分欧
美留学生回国和本土培训的工程
师与科技人员出现后，这些外聘
的员工才渐渐地被取代。

图6　明治维新时期，国内外工程师与科技
人员，带动了日本在运输、造船业和军工业
等的快速发展

　　从1898年起，日本大事兴
办科技高校培训本土的工程师，
达到了工程师的人数以惊人速度成长。1910年培育出了5000名工程
师，其中1900名毕业自大学和3100名毕业自工专高校。到了1930
年代中，工程师人数激增至68000名，二十多年来增加了14倍。

　　许多人可能会误解，以为明
治时代日本的科技发展是单靠由
西方引进，其实并不尽然。日本
早期的科技发展虽是以引进为
主，但它引进后，不只是充分利
用而已，而是不遗余力加以吸收
和消化，再革新和进一步的创
造。这种"引进—吸收—消化—

图7　明治时期使用西方生产技术和管理方
法的日本工厂

革新—创造"的做法，促进了日本工商业和军工业迅速的发展，同时
也提升了其产质和产量。这种通过引进—革新—创造的做法（图7），
普遍被日本工商界有效地应用至20世纪80年代。日本人对原有生产
技术和经营方法不断小步改进与改善的累积，促成重要革新与创新之
方法，将它称为"Kaizen"①（日语的改善或改进），一路来被日本的

――――――――

　　① Kaizen的主要概念是：每一分、每一秒、每一天由公司每一位员工，不断进行改
善或改进公司里每个部门，不分大小的每项操作和每项事务。

工商界广泛沿用至今。在 2007 年超越美国通用汽车公司，成为世界最大汽车生产商的丰田（Toyota），就是一个成功利用"Kaizen"不断改善其产质产量的好例子。

日本也意识到自主创新的重要性。在明治时代的后半期，在一些大学和各个政府部门设立了研究机构，从事各领域新技术和基础科学的研究，同时也鼓励私人界在科学技术研发和创新的积极投入。

明治时代在基础科学研发的大力投入，对日本前沿科学的发展起了积极的作用，为日本在明治时代的各科学领域里，培育了众多的科学家和工程专家[①]。同时，也为日本在后期产生多位世界级顶尖科学家，做出了一定的贡献，如：分别在 1949 年、1965 年和 1973 年，获得诺贝尔物理学奖的汤川秀树（图 8）、朝永振一郎和江崎玲于奈，以及 1981 年获得诺贝尔化学奖的福井谦一和 1987 年获得诺贝尔医学与生理学奖的利根川进。

图 8　1949 年诺贝尔物理学奖得主汤川秀树的铜像，京都大学

图 9　1909 年发明生产味精的池田菊苗

为了保障私人界在科学技术研发和创新投入的应得利益，日本在1884 年，仿造西方的专利注册法和制度，成立了专利注册局。到了1920 年，每年有数千日本创新和发明，在其专利局注册。虽然在明治时代，大部分日本人申请注册的只是一些传统科技的改进，然而在这段时期却也取得了一些自主创新和发明的成果，如：在明治 34 年

---

① 　参阅附件 1 日本明治时代的科学家和工程专家。

(1901)，世上第一位发明生产肾上腺素方法的高峰让吉；明治42年（1909）发明生产"味精"的池田菊苗（图9），以及明治时代后1914年东京大学的井口在屋教授发明了"Inokuchi离心泵"；鸟舄右一与横山英太郎和北村政治郎联合发明了第一台实用的无线电话机，并以他们英文名字头一个字母命名为"TYK无线电话机"。这对日本各领域制造业的生产力和竞争力作出了积极贡献，也是让日本能顺利将其产品打入国际市场的关键要素。

　　日本在实行明治维新之初，以英、德为榜样，逐步推行殖产兴业政策。这政策是利用国家权力和资金，带动和发展资本主义经济政策的改革。1868~1885年之间，明治政府每年平均动用了约1/5左右的财政支出，作为殖产兴业的资金，用于引进技术改良官营事业的经营和创办"模

图10　明治时期，三菱企业于东京的总部大厦

范工厂"，以及用于大力扶植民间工商业的发展。为了缩小官营事业的规模，以发展更具活力和更有竞争力的私人企业，明治政府将一些官营事业，以半卖半送，甚至更低的价格转让给三井、三菱和川崎等私人企业，如：政府将官办的长崎和兵库造船厂，分别以相等于1/7和1/10其投资额的价格，低价卖给曾经协助倒幕的三菱（图10）和川崎企业公司。这些受益和被大力扶植的企业，在后期的日本工商业发展，扮演了举足轻重的角色。三井和三菱更成了日本名声赫赫的"四大财阀"①

---

　　① 财阀，日语为Zaibatsu，指日本19世纪至20世纪的四大企业集团，即三井商社、住友商社、三菱商社及安田商社，它们的特质是紧密的家族控制，权力都集中在一个人身上，而公司经营的企业大多又任用亲戚担任主要负责人，并通过集团内交叉持股的方式，加强家族的控制。这四家商社经营范围广泛，同时也积极参与金融业。它们的经营额占国内生产毛额相当大的比重，并通过与政府的良好关系，积极介入政治。

和"七大综合商社"①的重要成员之一。它们多年来对日本政、经、科技、人力资源、社会等领域的发展有着重大的影响和诸多的贡献。

明治时代，日本政策性的改革、重视教育和工程科技人力资源的发展、对工程科技人才的重视，以及日本能够从欧美多个工业与科技发达国家取经，加上重点投资于西方先进技术、器材和机

图 11　日俄战争中的日本战舰"磐手"号

械的引进，再加上"后发展效应"②，让日本在短短的半个世纪里，转型为工业与军事强国。到了 1912 年第一次世界大战之前，日本已有如西方的美、英、法、德等国一样，拥有系统化与制度化的工厂和机械化的生产线，能大量制造军用与民用的机械和物品，如：蒸汽机、海陆空的交通工具、纺织和冶金及化工物品、军事用途的枪械炮弹和战机战船等。若论国力，其当时的军事力量与西方列强相比，已不相上下。这可从 1894～1895 年"甲午战争"和 1905～1906 年"日俄战争"（图 11），轻易击败中俄两国的舰队，显示出其强大的军事力量。同时基础建设，如：电力与电讯和道路与铁道等设施，也近乎达至西方国家当时的水平。

明治时代在日本国家发展史上，不单是让日本从落后小国走向工业与军事强国，也为日本后期建立先进国家所需的必备条件，打下了

---

①　综合商社（Sogo Shosha），指日本一些掌控该国大部分进出口业务的特大型综合贸易公司。它们虽以贸易为主，但也是集金融、信息、产业、综合组织与服务功能为一体的跨国企业集团，具有产业多元化、功能综合化、经营国际化、组织集团化等特征。日本 7 大综合商社包括了三菱商事，三井物产，伊藤忠商事，住友商事，丸红，丰田通商和双日。

②　"后发展效应"的概念是由美国经济学家凡勃伦（Veblen）提出的，一般是指后发展者能从前人的发展中吸取宝贵的经验，取长补短，并可利用更先进的科技、生产和经营技术，从而取得了后发展的优势。

稳固基础，如：一个自由经济市场已初步形成；重工业与轻工业制造架构也已有了一定的雏形，科技人才与研究中心的重点开发，也为后期实施科技建国扎下了深厚的根基。

日本大东亚共荣圈之梦和称霸世界之野心

以明治时期打下的工商与科技基础，假如日本不心存霸占他国之心，在 20 世纪上半期，不发动侵略战争，又能够有如近期的中国奉行和平崛起；以日本人的团结、勤勉好学和智慧，以及百辱不屈的武士道精神，恐怕世界的近代发展史可能要改写。今天的日本可能是世界第一军事、经济和科技强国。

在 20 世纪初期，为了圆大东亚共荣圈之梦和追逐称霸世界的野心，日本把大部分的精力投入了军工业发展，大大提升了其军事力量，并于 1939 年联合德、意两国，发动第二次世界大战。在二战期间，其军事力量，尤其是在空军方面，已可比美当时的军事强国——美、德、英三国，它拥有数万架的战斗机和轰

图 12 日本二战时期，由三菱重工业设计和生产的零式舰上战斗机

炸机，其零式舰上战斗机（图 12）更是当时航程最远的。然而，日本虽拥有强大的攻击型军事设备，但缺少了先进雷达防御系统和陆路运输交通工具，导致生产军事设备的原材料，以及军需的原油被欧美和中国等同盟国切断，无法及时补给战机战舰等军事设备的维修和军用燃料，加上美国原子弹的巨大威力，使其想通过二战圆梦与称霸之心破灭。

二战对日本的影响深远。

一方面是：为了进行侵略战争，日本专注于军工业的发展，忽略了其他工业的发展。在战争期间，生产原料供应被抗日盟国切断，作为日本极度依赖发展的进口技术和设备，除了其盟国德国与意大利之外，其

他欧美各国对日本的供应也几乎完全被腰斩。这导致了日本的经济、工业和科技发展，在二战期间近乎停顿。在二战后期，日本的多个城镇与产业基地遭受盟军的大规模轰炸摧毁，广岛（图13）和长崎地区更受到美国两颗原子弹的严重摧残。战后盟军撤除日本的一切军工业，同时也撤除了与军事有关的民间工业，包括飞机制造业和造船业等，让日本各领域工业和制造业及经商贸易活动等，进入几乎全面瘫痪的局面。这一点可从其经济成长数据显示出来：根据经合组织（OECD）的统计数字，从明治时代末期（1912年）至1939年，日本的国内生产总值增长了3倍，二战期间（1940~1944年）则几乎完全没有增长，1945年二战后跌了50%，一直到1952年才渐渐恢复回至1939年的水平。

图13　受原子弹摧毁后的广岛，满目疮痍

图14　日本战败后，被迫允许美国驻军，以换取美国的"核保护伞"

　　另一方面则是：二战的教训，让日本政府与人民意识到武力称霸是不可行的，经济发展才是硬道理。日本也意识到其国内的科技水平与西方国家相比，尤其是美国，还有一段相当大的距离，据说落后了整20年。因此，必须与欧美言和友好，才能再度从西方引进高新技术和设备，实现大步赶上先进国的愿望。同时，战败后因被迫在宪法中写进"放弃战争条款"①，并以允许美国驻军为代价，换取美国的

———————————
　　①　这一条款（第九条）全文如下：日本人民诚挚渴望基于正义与秩序的国际和平，永远放弃战争作为国家的一种主权并放弃威胁或使用武力作为解决国际争端的一种手段。为了完成前述这一段的目标，日本将永不维持陆、海、空军以及其他战争潜能。国家交战权将不被认可。

"核保护伞"，（图 14）让日本不需浪费在军事上的大量开销，能专注于经济、工业与科技发展。这使日本因祸得福，能从二战的废墟中，快速恢复了国家的元气，更推动了日本在二战后，其政经生态和工商业与科技发展策略的大事演变，以及创造了往后治国经商等理念思想革新的先决条件。

二战后大力引进西方科技——1950～1970 年代日本重振雄风

二战后国际形势的演变，也给日本提供了良好的发展机遇。朝鲜战争和冷战时期，日本成了美国在东亚最重要的盟友，得到了美国大力的扶植。美国的扶植，除了钱财上的补助，也松绑了日本受严厉限制的重工业发展，让日本的重工业生产得以恢复。然而，让日本得益最大的却是美国对它开放先进技术和设备的采购，并开放美资对日本的投入，以及对日本开放美国的市场。更重要的是，美国对日本政策上的转变，加上二战后冷战思维的推动，也让日本能轻易从欧洲的德、英、法等先进国，引进它极其需要的高新技术与设备。

到了 20 世纪 50 年代，日本的技术引进比起明治时代时，更具策略性和系统性。日本政府根据世界科技和工商业发展的最新动向，以及本国经济发展的条件和实际需求，选择性重点引进欧美的先进技术与器材和设备。同时建立了完整的审批制度和规范，对官、产、学各方面在技术、器材或设备引进工作上，进行协调、管理和引导，以避免重复引进，浪费国家资源和减低无谓的恶性竞争。为了更有效推动产业技术政策，日本在 20 世纪 50 年代中，颁布了一些促进产业发展的法规，如：《振兴机械工业非常措施法》和《电子产业促进法》。根据这些法规，政府有权指导产业的发展方向，协助业者选择有开发前景的新产品、规定新产品的产量和价格目标，甚至建议和促进联合企业的成立。

为了鼓励民间企业从事研发创新活动，自 20 世纪 50 年代伊始，日本直接或间接地为企业提供了无数的融资、保证银行贷款辅助金、税务优惠，以及加速设备折旧等奖励和措施；也成立了科学技术厅，负责产业技术政策的制定和与时并进的不断修正，以确保有效的实施；并赋予通产省等政府机构特权，根据既定的政策与法规，协调和指导官、产、学各界的产业与科技研发，以及资源的分配。

在策略性和系统性的积极带动下，日本在 1950 至 1975 年的 25 年里，从欧美引进了高达 25000 多项的先进生产技术。同时，在仿造的基础上博采众长，进而通过消化、改进和进一步的革新，并通过自主创新，以创立自己的品牌（图 15）。

图 15　松下电器于 1955 年生产的收音机

这为日本的科技、产业、经济等领域，在 20 世纪 50～70 年代的迅速发展，有着极大的贡献。

20 世纪 50 年代时，日本主要引进电力、钢铁、汽车、造船、机械制造等基础产业的技术与设备，以恢复日本战后的经济，同时也带动了许多日本产业公司的迅速崛起，例如：1951 年成立的日本最大能源公司之一的关西电力公司[①]；创造了世界汽车工业发展奇迹的丰田、本田、日产、富士重工（图 16）、铃木等公司；让日本自 20 世纪 50 年代后，40 多年来雄居世界第一造船大国地位的三菱、三井、川崎（图 17）等重工业公司，以及以制造钢铁、钢材和重型机械而著称的日本钢管公司等。这也同时促进了各相关支持产业，相应的蓬勃发展，如机械和材料等制造业，以及基建和建筑等行业。

---

　　① 关西电力公司为整个大阪、京都、奈良和歌山辖区，以及岐阜等部分辖区供电，供电面积达到 28700km²，并于 1957 年设立原子能部研究开发原子能发电，在 1970 年成功建立了第一所原子能发电厂，并在 1971 年供电。（图 18）

图 16　富士重工于 1958 年生产的
斯巴鲁 360 款汽车

图 17　川崎造船株式会社，自 1881
年起设于神户的造船厂

到了 20 世纪 60 年代，日本
逐渐转向以购买新兴技术的专利
为主，进一步地提升其生产科技
水平和市场竞争力。这让日本在
1975 年左右，掌握了欧美各国众
多领域的先进生产技术，并超越
了西方国家用半个多世纪取得的

图 18　建于 1971 年的日本宫城县的女川
核电厂

成果。无论是在电力、钢铁、汽车、造船、机械制造、电子与电器等
产业，都迎头赶上了欧美等国的生产水平。在某些产业领域里，其生
产水平更超越了欧美等国，并有过之而无不及。例如：在 1971 年，
日本是世界上少数拥有原子能发电厂的国家之一；在 1975 年日本钢
铁年产量占世界年总产量的 39.4%，是美国的 2.6 倍；1967 年日本
超越德国成为世界第二大汽车生产国，并于 20 世纪 70 年代逐渐取代
欧美在亚洲的汽车市场，到了 1976 年，日本汽车出口量达到 250 万
辆之多，更冲击了欧美的汽车市场；随着日本造船业战略重点逐渐转
移向高技术、高附加值领域，以及先后通过劳动力成本优势、技术进
步和生产率提高等手段，促进日本造船业的国际份额激增，状况最好
时日本造船业出口曾占其出口总额的 98.6%，迫使西欧造船业的国际
份额，从 20 世纪 70 年代中期的 40% 降至 20 世纪 80 年代后的 15%～
19%；在 20 世纪 60～70 年代时，日本的家用电器和电子产品，如松

下、索尼（图 19）、东芝、日立和三洋等品牌的产品，已风靡世界各地，同时日本也大量出口多种类型的轻工业产品，包括照相机与录像机、录音带与录影带、手表、口袋型电子计算机、音乐与音响器材，以及工商企业、教育、医疗用途的仪器等。

图 19　70 年代的索尼电视机生产工厂

20 世纪 50～60 年代日本高新科技的迅速发展，促成了奇迹般的工商经济成长，使其国内生产总值，从 1950 年的 1610 亿美元增长至 1970 年的 10136 亿美元，21 年里翻了整 6 番，并在 1967 年取代了德国，成为世界第二大经济体。

石油危机和知识经济时代的到来

由于 1971 年美元危机和 1973 年石油危机带来的冲击，促使日本在 20 世纪 70 年代时，对其工业与科技政策做出了一些重要调整，如：转向节能工业架构和高新科技与智慧型产业发展（图 20）。然而，日本自明治维新时代，一路奉行以引进、革新"追赶式"[①] 为主的基本发展策略，一直延续到 1980 年左右。从 20 世纪 70 年代开始，日本为了实现从资本密集型，转向技术与知识

图 20　1985 年，东芝生产的 T1100 笔记型电脑，被誉为世界首台商业化大量生产的笔记型电脑

密集型产业，尤其是日本企业，不惜投下巨额资金，一方面引进尖端技术，一方面吸引国内外的优秀科技人才，更进一步提升其生产力和

---

① 以发达国家为追赶目标的发展方式。

产品的质量，扩大含高科技产品的生产，以及出产更多拥有自己品牌的专利产品。

这重要的政策性调整，使日本经历了 20 世纪 70 年代的石油危机，以及后期遭遇不平等"广场协议"的冲击，仍然能让日本维持其自 1967 年拥有的世界第二大经济国地位至今。

经营与管理理论和技术的引进和创新

日本除了引进技术与设备之外，也不遗余力引进西方企管大师们的经营与管理理论和技术，其中对日本制造产生极大影响之一的是品质控管技术（Quality Control Technique）。

在 20 世纪 20 年代初，被称为数理统计质量控制之父的美国人休哈特（Shewhart）（图 21），成功地把统计学应用在品质管理上，并在 1924 年制定了第一张先进的品质管理图表。在后期，美国的企管大师戴明（Deming）（图 22），将休哈特早期研发的统计过程控制定理（Theory of Statistical Process Control，SPC），进一步地开发，并与道奇（Dodge）和雷明（Roming）共同完善现今所采用的 SPC 定理。然而，直到 20 世纪 40 年代，SPC 技术并未被广泛用于制造业。到了 20 世纪 40 年代末，通过以戴明为首和另两位品管大师朱兰（Juran，也被称为质量管理之父）和费根堡姆（Feigenbum）的协助下，将品质管理手法带进日本。到了 20 世纪 50 年代初，品质管理手法迅速地被日本的许多厂家采用，并成了日本的主要管理哲学。到了 1960 年，品质管理更成了日本全国上下一种最为重要的生产管理策略。日本更将品质管理融入 Kaizen 的革新与创新法，进一步提升了 Kaizen 的成效。因此，品质管理在制造业的应用，可说是由日本开发和发扬光大的，后期再传回美欧各国，最终成了一种不可缺少的世界通用生产管理系统。

图 21　数理统计质量控制之父休哈特

图 22　美国企管大师戴明

有如技术与设备的引进，日本也将从西方引入的经营与管理理论和技术，加以吸收和消化，更进一步革新和创造，以配合其国情和企业文化，广泛用于提升其生产力和竞争力。上述的品质管理理论和技术的引进、开发和广泛应用，就是一个很好的例子。借鉴于西方先进的经营和管理理念，日本也自主创造了一些重要的经营与生产管理方法，如前述的 Kaizen 生产管理概念，以及大力提

图 23　日本丰田公司副总裁大野耐一有关 JIT 的著作

升日本企业生产力和竞争力的 JIT（Just in Time，即时）生产和库存管理方式。JIT 是由日本丰田公司副总裁大野耐一（图 23），于 1953 年提倡的，并迅速被日本各行业广泛采用，大幅度降低了企业的经营和生产成本。

利用 JIT 配合品质管理手法和 Kaizen 等先进管理和生产方法，促使日本于 20 世纪 60、70 年代时，洗刷了 20 世纪 40、50 年代时日本货是低劣质量仿造品的坏名声，转而成为精美、高品质、价格实惠和高声望品牌的代名词。这让日本产品迅速地打开了国际市场，大量各类的日本货品充斥世界各地，使日本成为名副其实的"世界工厂"。

在 20 世纪 70 年代中期到 80 年代初，许多人曾笑谑说："早上起身，是被日制闹钟叫醒。洗漱后，戴上日制精工手表。从日制三洋电冰箱取出鲜奶和乳酪，用日制烤炉烧烤面包，用日制微波炉为金枪鱼酱和烘豆加热，吃上一顿营养丰富的早餐。驾着日制丰田轿车上班，扭开车上日制收音机和音响。来到工厂，利用日制仪器作测试，应用日制卡西欧电子计算机作测算。傍晚下班回家后，第一件事是打开日制松下热水器，洗个舒服的热水澡。然后，到客厅打开日制夏普空调机和东芝电视机，舒舒服服地躺在沙发上观看画面精美清晰的电视节目……"可见当时日本的产品，是多么深入世界各地的民间。

在 20 世纪 60～70 年代，日本企业和制造业的迅速崛起，其经营、管理、生产和服务水平又好又高，加上在 70 年代时，西方企管大师大事推崇的团队（Team Work）和再造工程（Reengineering）（图 24）与价值工程（Value Engineering），与日本民族性使然的团队精神和日本的 Kaizen 经营管理法，似曾相识，使当时许多西方学者和企业管理人都误认为，这是归功于日本独特的企

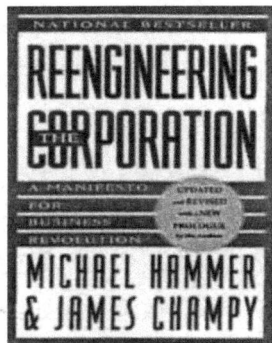

图 24　西方企管大师有关再造工程的著作

业经营和生产管理理念和技术，造成他们竞相向日本模仿和学习。殊不知，许多有效的日本经营与管理理论和技术，原是衍生于西方早期提倡的经营与管理理论。只是西方企业在早期时，没有像日本人对这些理论的重视，并将理论进一步开发和实践于经营与生产用途，以及全力贯彻应用和不断加以修正与革新，形成一套完善、系统性和高成效的经营生产管理法。

重视和普及教育

日本能够不断从西方国家吸取新知识，引进新科技与财经企管技

术，并加以吸收、消化和研发，以及进一步的自主创新，致使日本能在二战后迅速崛起，并达到世界先进经济与科技文明大国水平，高度重视和普及教育政策是其中一项极为关键的要素。

20世纪50年代至70年代，日本延续自明治维新时代以来，一直非常重视教育和人才培训的政策，更与时并进修改政策，并长期坚持"教育先行"的战略。这为国家各领域的发展，尤其是科技与经济发展，保证了有足够和适宜的人才资源。

日本政府教育经费支出占国民总收入的比重逐年增加，从20世纪50～60年代的5％左右上升至20世纪70年代的6％～7％。随着教育经费支出的加大，使日本到了20世纪50年代中期，全国25岁以上的人口中，受教育率高达94％。到了20世纪70年代中期更普及了高中教育，以及提升了进入大专的升学率和研究生的数额。在1975年日本的大专升学率高达38％，而研究生也有两万人。

日本根据不同时期社会和经济结构的发展变化，调整教育重点和培养人才政策，例如：在二战后经济恢复时期，着重初等教育的普及，以提高劳动者的文化素质；20世纪50年代中期至20世纪70年代，则着重高等教育发展，培育科技、财经、高新科技研发、自主创

图25　高居世界排名榜的东京大学，为日本培育最优秀的科技与管理精英

新和经营与管理等的各类人才（图25），以应对社会和经济与工商农医疗等各领域发展，赶上科技日新月异的快速进展和革新，以及符合国际形势的变化和经济转型的人力资源需求。为了准备迎接知识经济与高科技时代的到来，日本更大力倾向工程科技与社会科学大专生的培育，到了1980年，工程科技与社会科学大专生占了174万大专生总数的66.4％。

日本的惊人成就让人既羡慕又害怕

日本一个自然资源极度短缺和地理环境恶劣的国家，从战争废墟中，只用了短短的 20～30 年，神奇般迅速成长。除了前面所提到：20 世纪 60～70 年代日本在经济、科技、工商医疗等领域的成就，其竞争力与生产力的水平，多方面凌驾于欧美各先进国之上，工商业产品的生产或出口名列世界前茅，独霸了多个领域的国际市场，并在 1967 年超越了德国，取得了世界第二大经济体的宝座。日本资本输出在 1970 年更累积高达 68 亿美元。

日本在这段时期的惊人成就，一方面令多个亚洲发展中国家和区域无限羡慕，纷纷仿效其经济与科技发展模式，这包括韩国、中国台湾、马来西亚等，尤其是在 1981 年上任的马来西亚前总理马哈蒂尔医生（图 26），更大力地提倡"向东学习"，也就是向日本学习的政策；另一方面，西方先进国的国人，尤其是美国人，除了羡慕以外，更多是害怕和嫉妒。害怕的是有如上篇写美国时所提到日本的"经济珍珠港"入侵，嫉妒是由于美欧"白种人优越感"的心理作祟，不愿意相信东方小日本的黄种人有如此的能耐。

图 26　马来西亚前总理马哈蒂尔医生，大力提倡"向东学习"，即向日本学习的政策

西方人选择忽视日本节俭、认真、勤勉、好学、团队、勇于革新和创造的精神，而自责太过宽待和放任日本，更指责日本通过商业间谍偷窃他们的商业与科技秘密，侵犯了他们的知识产权。这促成以美国为首的西方先进国，在 20 世纪 80 年代时，大力推动"广场协议"的签署，并制定更严厉保护美欧贸易与科技的政策，以期打击和遏制日本经济的迅速崛起。

日本国策的变更——科技立国

在 20 世纪 70 年代至 80 年代中期，美欧先进国家与日本的经贸关系起了微妙的演变；随着信息与全球化时代的到来；以美国为首的西方各国重点研发与创新高新科技，促进经济与产业结构和经营战略不断的革新；韩国、中国台湾仿造日本发展模式，而崛起成为日本的竞争对手，以及科技知识产权保护法制的深化与强化，造成了技术转让成本越来越高昂，致使日本再也不能像以往一样，过于依靠引进科技和以发达国家为追赶目标的发展方式。然而日本并没有放弃那套，无论是在科技或经营管理等方面的求知、学习和进一步自强，应用多年非常有效的"引进—吸收—消化—革新—创造"策略，并且一直沿用至今。在这里，值得一提的是，日本这套屡用不爽而又有效的策略，是非常值得发展中国家仿效。

为了迎接未来的新挑战，为了摆脱对美欧国家，尤其是美国技术的依赖，为了要进一步的发展，要巩固其经济大国与科技大国的地位，以及要顺应世界政经格局变化和发展趋势的变迁，日本采用了近110 年的经济体制、科技政策、产业结构以及经营思想等，就必须做出重大深刻的调整。

在 1980 年，日本通过其发布的《80 年代通商产业政策展望》和《科技白皮书》，明确提出了"科技立国"的战略口号，重新调整其经济与科技发展战略，并制定了科研开发制度与科研发展方向的新纲要，包括：

• 大力投入人力与物力资源。

• 高度重视基础研究和重点开拓下一代产业的基础技术，如着重尖端基础科学的研发，并对已证实有实用性的技术进行积极应用和创新。

• 推动国内外官、产、学各方人才在科研上的结合，并开创向民间企业提供研究开发委托费的先例等，以及制定其他各方面科学研发与科技创新的新策略。

"科技立国"的新战略，为日本在 20 世纪 80 年代，短短的整十年里，在科研创新上取得了极大的成就，尤其是在应用技术研究开发方面，例如：

• 1988 年日本在多个世界高新技术领域，其水平已超越了美欧国家。

• 在 1993 年，日本的专利申请数量已超过美国，成为全球申请专利数量最高的国家。

• 在 1992 年，日本已成为仅次于美国的高技术产业大国。在高技术产业中，其办公室自动化机械和电子计算机

图 27 日本电气（NEC）研发的 SX 系列巨型计算机，自 20 世纪 90 年代起成为世界上最先进的向量巨型计算机之一

（图 27）、电子产品和通信器材的出口，是处于世界第一的领先地位。

• 在基础研究方面，日本也取得了让人羡慕的成就。于 1992 年，日本在全世界 56.48 万篇科学论文中已占到 9.1％的比例，成为仅次于美国的世界第二多发表科学论文大国。（有关日本的科学技术水平、高技术产品出口、科技创新专利数量等的更详细数据资料，参阅页下注①。有

---

① 摘自徐世刚与肖小月的《浅析日本的科技立国战略》，吉林省东北亚研究中心：据 1988 年通产省工业技术院所作的调查，在 47 项一般工业技术中，日本有 10 项超过了美欧国家的水平，有 31 项与美欧国家相当，低于美欧国家的只有 6 项。在 40 项高技术中，日本有 9 项超过美国和欧洲，有 4 项低于美国和欧洲，其余项目与美国和欧洲持平。在专利申请中，日本也大大提高了数量，如 1993 年，日本专利申请数量高达 38 万项，远远超过美国的 1.9 万项、德国的 11.8 万项、英国的 10.1 万项、法国的 8.2 万项。又如在科学技术实力最强大的美国，日本自 1985 年以来获得登记的专利占美国专利登记的 20％以上，虽不及占 54％的美国，但大大超过德国、法国和英国三国的总和。日本产业技术的发达还可从其高技术产业产值和出口额在经济合作与发展组织（OECD）中所占比例反映出来。从产值上看，1987 年日本占 26％，到 1992 年扩大到 27.9％，虽然与美国有差距（美国为 37.2％），但把德国（10.2％）等其他工业发达国家远远抛在后面。在 6 种高技术产业中，日本的航空和航天技术、医药品和精密仪器相对落后，而在办公自动化机械和电子计算机（占 30.7％）、电子产品（占 28.3％）和通信器材（占 34.8％）三种产品上却具有优势。在 OECD 高技术产品的出口额中，日本一直处于第一的地位。

关日本发表世界级科学论文多寡的排名，参阅附件 2。）

"科学技术创新立国"的新发展战略

由于日本在 20 世纪 80 年代末至 90 年代初，深受泡沫经济破裂的影响，加上"知识经济"时代的到来，引发了全球更激烈的科技竞争。高新科技发展神速，正孕育着许多重大的突破。为了确保其经济大国的地位与高新科技竞争中的优势，日本政府进一步强化了"科技立国"战略。提出了"科学技术创造立国"的新口号，正式告别了以"模仿与改良"为主的科技发展时代。日本在 1995 年制定了第一个 5 年的科技发展计划，并提出了《1996～2000 科技基本法》，以及在 1996 年提出了《科技基本计划》，致使日本从"技术立国"转向"科学技术创新立国"的发展战略，为日本的科技发展重新定位。同时从 1996 年起，日本在 5 年里大幅度增加对科学技术基础研究的投入，以加强基础研究，并采取了多项措施，如重点支持从事基础研究的 100 所大学和实验室，建立横跨多部门和机构的高速信息网，以及强调对基础研究人才的培养。之后，根据国际政经形势的变化与环境和社会的变迁，更在每 5 年连续推出了第二个《2001～2005 科技基本法》和第三个《2006～2010 科技基本法》，对科研开发政策，做出相应的调整和进一步的强化。

"科学技术创造立国"的新口号和精心策划的《科技基本法》，为日本近期的经济与科技发展带来了重大的成果，也提升了它在世界科技竞争中的势力，例如：

• 日本已在 2006 年超越了美国成为世界最大的汽车生产国[①]。日本出产的丰田（Toyota）与本田（Honda）混合动力汽车（图 28），更是当前最节能最环保的汽车。

---

① 根据国际汽车制造商协会（OICA）的统计数据。

• 日本也是轮船、有色金属、化工原料、电子产品和自动电子设备等的主要先进生产和出口国。

图 28　丰田 Prius 混合动力汽车

• 日本是世界上制造业里最广泛应用工业机器人生产的国家。超过半数的工业机器人是在日本人的制造厂里。

• 日本的新干线（俗称子弹火车）与磁浮火车，是现今一种最快速与有效率的火车，其 2003 年推出 MLX01 型号的磁浮火车，达到了最高每小时 581 公里的行驶速度，比法国在 2007 年推出的 TVG 型号磁浮火车（图 29），高出了大约每小时 7 公里。

• 2007 年日本发射了"月亮女神"（图 30）又称"辉夜姬"的探月人造卫星，这是继美国"阿波罗计划"以来最大的探月计划。

图 29　MLX01 型号磁浮火车，达到最高 581 公里的行驶时速

图 30　载着"月亮女神"升空的火箭

• 日本是亚洲获得诺贝尔科学奖最多的国家，2008 年就有 3 位日本人获得了诺贝尔物理学奖和 1 人获得化学奖……

自 20 世纪 80～90 年代推出的"科学技术立国"和"科学技术创造立国"新国策之后的 30 年，使日本在二十年罕见的景气经济高速发展期之后，步入了依靠高科技发展的稳定发展期。这让日本虽然多次经历了世界政经格局变动的困境，仍然能够稳居世界第二大经济体至今。

小结

纵观日本在明治维新后 120 多年的发展史，它能从一个土地与矿物资源极度匮乏的落后小国，发展成为当今世界仅次于美国的第二经济大国和科技大国，以及创新型的国家，其主要的关键因素是：日本的政府、企业和人民，都深明科技和创新是建国与强国之本；日本重视教育和人力资源培训，尤其是科技与创新人才的教育与培训，以及日本有一套完善和与时并进科技创造发展政策，并不遗余力引进科学技术和工商管理的新知识，更进而自我研发和自主创新。

日本若能坚持奉行这成功和有效的国策及建国精神，不再拥有军事扩张的野心，它必能延续其世界经济和科技强国的地位而历久不衰。

附件1：日本明治维新时代（1868～1912）的科学家和工程专家

数　学

Rikitaro FUJISAWA, 1861～1933

The mathematician who introduced the total aspect of western mathematics into Japan, and a pioneer of life insurance and pension theory in Japan.

Teiji TAKAGI, 1875～1960

Father of modern mathematics in Japan. Established the class field theory.

物　理　学

Kotaro HONDA, 1870～1954

A leader in magnetophysics, the science of magnetic materials, and metallurgy, who made Tohoku University an international center of steel and metals research.

Hantaro NAGAOKA, 1865～1950

A physicist known particularly as proponent of an atomic model with a central nucleus. The father of Japanese theoretical and experimental physics.

Aikitu TANAKADATE, 1856～1952

Founder of modern Japanese science, particularly in the areas of physics, geophysics, and aeronautics. Proponent of Japanese-style roman lettering.

Torahiko TERADA, 1878～1935

Has researched, from a physics viewpoint, a broad range of areas from X-rays through confections. A scientist and writer who has continued to produce essays about the interesting nature of his research.

化　学

Kikunae IKEDA, 1864～1936

Established the study of physical chemistry in Japan. Developed a method for producing monosodium glutamate, which was commercialized as the seasoning product known as Ajinomoto.

Rikou MAJIMA, 1874～1962

Pioneer in organic chemistry research in Japan. Has explicated on the molecular structure of urushiol, the major constituent of Japanese lacquer.

Joji SAKURAI, 1858～1939

An organic chemist known for his contributions to the development of the Sakurai-Ikeda method for determining the boiling point of specific substances. An active educator and government-level science administrator.

Yuji SHIBATA, 1882～1980

A leading Japanese chemist of the Taisho and Showa periods.

Researched complex chemistry and biochemistry using spectroscopy methods and introduced the study of geochemistry into Japan.

Masachika SIMOSE, 1859~1911

Inventor of the regulation explosive used by the Japanese navy which was put to advantageous use in the Russo-Japanese war.

Umetaro SUZUKI, 1874~1943

An agricultural chemist who earned international recognition for his work, including his simultaneous discovery of "vitamin".

Jokichi TAKAMINE, 1854~1922

A leading applied chemist of the Meiji period. Known in the U. S. as a successful venture industrialist.

天文学与地质学

Naozo ICHINOHE, 1878~1920

An astronomer and scientific journalist who founded the journal, *Contemporary Science*.

Akitsune IMAMURA, 1870~1948

Noted seismologist in the Meiji, Taisho and Showa periods, known particularly as a pioneer in research in earthquake prediction. Educator in measures for reducing damage from earthquake disasters.

Hisashi KIMURA, 1870~1943

Discovered the Z term in latitudinal variation. Contributes at an international level, holding a post as Central Bureau Chief of the ILS (International Latitude Service).

Bunjiro KOTO, 1856~1935

One of Japan's leading researchers in Japanese geology during the Meiji and Taisho periods, renowned particularly for his work in petrology and tectonics.

Takematsu OKADA, 1874~1956

Fourth director of the Central Meteorological Observatory (1923~1941). Established modern Japanese meteorological profession. The leader of the Okada-Fujiwhara school of earth sciences.

Fusakichi OMORI, 1868~1923

One of Japan's leading seismology researchers during the Meiji and Taisho periods.

Shinzo SHINJO, 1873~1938

Following his work in geodesy, he established studies in astrophysics at Kyoto Imperial University, and founded a tradition of research in the history of eastern astronomy.

生 物 学

Shigemoto KATO, 1868~1949

Began Japan's first modern improvement (breeding) of rice plants. Classified rice into *Japonica* and *Indica* types.

Hitoshi KIHARA, 1893~1986

A cytogeneticist who advocated a genome theory based on genome analysis of wheat which has won world-wide acclaim. He is also well-known as a sportsman.

Tomitaro MAKINO, 1862~1957

Plant taxonomist who studiously named and described Japanese plants. Also worked to promote the spread of botanical knowledge.

Kumagusu MINAKATA, 1867~1941

Botanist, microbiologist, anthropologist. Introduced western folklore into Japan, and instigated the study of Japanese folklore.

Yasushi NAWA, 1857~1926

Applied entomologist who has spent his life researching the prevention and extermination of noxious agricultural insects and termites, and the preservation of useful insects.

Yoshio TANAKA, 1838~1916

Pioneer of various studies of natural history in Japan. Involved in the promotion of industry. Designed Ueno Park and created the museum and zoo.

Kametaro TOYAMA, 1867~1918

A pioneer in experimental genetics. Used silkworms to prove Mendel's laws of heredity. Contributed to the silkworm breeding industry by encouraging first generation cross-breeding.

Shogoro TSUBOI, 1863~1913

Pioneer in Japanese anthropology and archaeology. Established the Anthropology Society in Japan and proposed the "Koro-Pok-Guru" theory.

医　学

Sahachiro HATA, 1873~1938

Physician who developed "Salvarsan 606", a medicine specifically for syphilis.

Shibasaburo KITASATO, 1852~1931

Pioneer in microbiology in Japan. Has contributed to the introduction of microbiology, the dissemination of knowledge and technology, and measures for dealing with infectious diseases.

Hisomu NAGAI, 1876~1957

Physiologist. Engaged in the promotion of theories of life, eugenics, and sex education.

Nagayoshi NAGAI, 1845~1929

Organic chemist active in pharmacology in the Meiji and Taisho periods. President of Japan's first pharmacology society.

Hideyo NOGUCHI, 1876~1928

International microbiologist who lived as a researcher in the U. S.

during the late Meiji and early Showa periods.

Kiyoshi SHIGA, 1870~1957

Bacteriologist who discovered *shigella*, the bacillus that causes dysentery.

Kanehiro TAKAKI, 1849~1920

Medical and nursing educator who introduced British medicine to Japan during the Meiji period. Naval physician. Beriberi researcher.

Katsusaburo YAMAGIWA, 1863~1930

A chemist and the first person in the world to succeed in experiments to induce carcinogenesis using a chemical substance.

环境科学、土木工程和建筑学

Chuta ITO, 1867~1954

Studied Japanese architecture from the viewpoint of the history of civilization. Architect and scholar of architectural history who first mapped the history of Japanese architecture.

Sakuro TANABE, 1861~1944

Participated in the planning of numerous engineering projects, including the Lake Biwa drainage scheme, advancing the science of civil engineering in Japan.

Kingo TATSUNO, 1854~1919

One of Japan's first architects, who built the foundation of architectural education and studies in modern Japan and aimed to promote socially responsible architecture.

机 械 工 程

Yuzuru HIRAGA, 1878～1943

Naval architect. Designed warships "Nagato" and "Mutsu" for the former Japanese navy.

Masatoshi OKOUCHI, 1878～1952

Co-founder of the Institute of Physical and Chemical Research, where he nurtured many researchers. Established a research concern, Riken, representing the synergy of science and industry.

Kyota SUGIMOTO, 1882～1972

Inventor of the Japanese typewriter.

Sakichi TOYODA, 1867～1930

An inventor during the Meiji and Taisho periods. Invented the world's top automated looms through his own efforts. Built the foundation for the current-day Toyota Motor Corporation with his eldest son, Kiichiro.

附件 2：

Web of Science 对最高 1% 之常被引用科学著作的国家排名

排名		著作总数 1996～2006	最高 1% 之 常被引用科学 著作数量	最高 1% 之常被引用 科学著作数量占该国 著作总量百分比	最高 1% 之常 被引用科学著作 数量排名
	国家和地区				
1	美国	2907592	54516	1.87	1
2	日本	790510	5662	0.72	9
3	德国	742917	9427	1.27	4
4	英国	660808	10090	1.53	2
5	法国	535629	5967	1.11	6
6	中国	422993	2189	1.52	10
7	加拿大	394727	5301	1.34	3
8	意大利	369138	3825	1.04	7
9	西班牙	263469	2155	0.82	8
10	澳大利亚	248189	2804	1.13	5
11	印度	211063	694	0.33	13
12	韩国	180329	929	0.52	11
13	中国台湾	124940	550	0.44	12
	大洲				
1	美洲	2907592	59817	1.81	1
2	欧洲	2571961	31464	1.22	2
3	亚洲	1729835	10024	0.58	4
4	大洋洲	248189	2804	1.13	3

资料来源：King，C.，*Science Watch*，May/June 2007，18（3）。

跋

　　2010年秋，在一次全国性的评选优秀图书的会议上，我的老领导、老朋友——原建设部总工程师许溶烈先生，同我谈及他的挚友——一位马来西亚的著名工程师洪礼璧院士，来华讲演的内容十分精彩，咨询能否在中国建筑工业出版社出版。我出于职业的本能，听到"精彩"二字，而且是出于这位老专家之口，立即表态只要内容好，我很乐意推荐。但决定权在出版社。建议请作者将书稿寄来，审后再议。在许先生的动员劝说下，洪院士终于同意，不两月将历次讲演文稿结集成册寄到北京。我作为第一读者读完来稿，立即给中国建筑工业出版社的总编辑写了一份推荐意见，我说："本想大致翻阅即转出版社处理。但读完第一篇，即被强烈吸引，三个晚上基本上全部粗读一遍。我认为这是一部难得的讲演集。他以亲身经历给青年人讲了做人、成才、立业的深刻感受和宝贵经验，情真意切，生动可读，是科技作者中少有的作品。洪先生作为海外华人，深受中华文化熏陶，对青年人立志修身的论述精辟可信，深入浅出。在业务上精益求精，不断创新，从而成就辉煌，十分感人……"

　　中华文化博大精深。立志修身是人生起步的必修之课，是成才、立业的基础工程。

　　修身又是从立志始。这是洪先生告诉青年人的切身体会。志者，志向也，志愿也。洪先生强调：立志即是确定你的方向，你的定位。确定了方向、定位，即应循目标努力，矢志不渝。南宋理学家、教育家朱熹劝诫人们，求学也着重立志，无志的人只是蹉跎，终身无成功之望。有了志向，就有了目标。"伟大的目标，产生伟大的动力。"（斯大林）这是亘古不变的真理。

　　修身是全方位的。古今中外，对人才的要求，几乎有一个统一的标准——德才兼备。北宋大史学家司马光谓："德，才之帅也；才，德之资也。"德之内涵尽管因社会制度之不同有不同的阐释，但最基本的亦即我们今天所倡导的，诸如爱国、明志、自强、诚信、重义、尚勇、厚仁、敦亲、谦虚、求新、勤俭、奉公，等等，进步社会，概莫能外。洪院士所尊崇的中华传统文化中的四维八德也正是这些内涵的浓缩。从他的讲演中，可以看到：修身既包括"才"的要求，也包括"德"的要求。

除了不断学习，不断增加知识层面，积累才干学问，还要不断提升个人的道德品格，提高敬业精神。说到底就是学会做人、做事。

在修身、创业的过程中，他还有一条最深刻的体会是"诚信"。他引用一句俗话："人无信而不立"，并列举其他成功人士，如何以"诚信"制胜的感悟。他更以幼年家贫，自己以"诚信"为本从事"无本生意"赚钱贴补家用，以及后来创业阶段以"诚信"获得无担保融资和众多大型工程项目取得巨大成功的生动故事。他用这些亲身经历诠释"诚信"的价值和意义实在入木三分，令人钦佩。笔者20世纪90年代初，职掌中国建筑工业出版社时，曾提出"声誉就是效益"的口号，提醒员工重视诚信和服务质量。管材料的同事以"诚信"为本，在纸张紧张、资金短缺的情况下，获得纸张供应商信任，纸款后付还保证了供纸，畅谈"诚信"的功效胜过手握百万巨资的体会。这正是异曲同工的美妙所在。

洪院士的讲演集，使我印象深刻、受益良多的还有许多方面。例如：

他特别强调在知识积累上要既深且广，注意知识层面的不断提升。书到用时方恨少。只有多读专业书刊，多学习他人经验，多总结个人体会，多注意工程实践中的各种细节，方可在遇到技术、业务难题时应对自如。

他特别强调敬业精神和专业精神。我理解前者是对工作的投入要认真负责，特别是地基基础工程是隐蔽工程，如有半点疏漏即可酿成重大事故和经济损失；后者则是要求你对所从事的工作，技术上业务上做到精益求精，在本领域达到无往不胜的程度。这二者其实也是德才兼备的体现。正因此，他的事业获得极大的成功，在业界，在马来西亚，乃至亚洲地区获得很高的知名度，从而成为国家元首的座上宾并授予他很高的荣誉。

洪院士给同学们讲创业，除了上述德才的修养外，很突出的一条是创新。创新成了他几次演讲的专题，他举的实例也大多是创新的成果。特别是他对美国、日本依靠科技创新获得大国、强国地位的阐述更是令人感叹。多年来，我们国家的领导人一直强调，创新是一个民族的灵魂。胡锦涛主席认为："自主创新是国家竞争力的核心力量。"国家要强盛，社会要进步靠创新；一个企业要壮大要发展也要靠创新。当今的中国早已被冠上"世界工厂"之名，中国制造的廉价产品服务全世界，代价是高投入、高能耗、高污染、低附加值、低工资、低利润。根本的原因是我们自主创新少，自己的技术专利少。洪院士指出：权威性经济杂志《经济学人》报道，科技创新已取代了土地、能源和原料，成为最重要的资源。他对创新的强调和追求应该为青年学子所铭记。衷心希望我们的年轻读者在未来的职业生涯中牢记以创新为己任，为国家为人民创造更多有创新内涵的产品和业绩。

洪院士作为一名工程师，一名以理性思维见长，一名以技术工作为职业的专家，他关心当今世界的政治经济和国际形势，关心国家、社会的发展变化，其程度远远超过一般搞工程的人士。他以对国际国内经济形势的分析，指导青年学子如何应对就业、创业；他以自己对政治经济形势的洞察和预见，应对上世纪末亚洲金融风暴。他在51岁（1997年）退出企业界时，同行们惊讶："正当壮年且事业高峰，他竟选择全身而退……竟能预知经济大风暴，将股票脱售。"这正好说明，我们的年轻朋友，未来不管你从事什么工作，什么职业，在经济全球化、一体化、信息化、网络化的当今社会，我们再不能两耳不闻窗外事，一心只忙手中活儿了。世间的一切是相互联系、相互影响、相互制约的。学习洪院士既懂立志，又懂修身；既懂做人，又懂做事；既了解基础工程技术，又了解政治经济和国际国内形势，必将助我们走上成功之路。

这部讲演集观点明晰，实例丰富。编辑上保持原有讲稿的风格和独立性，读者既有听讲的临场感，也可用较短的时间，选读某一专门内容。这本书即将由中国建筑工业出版社出版，这是十分可喜的。作者用自己成长、创业、成功的全过程给年轻朋友绘制了一条光彩照人的成才之路，给人启迪，唤人深思。自古英雄出少年。我希望这本书对即将步出校门的大学生或刚踏入社会不久的年轻人，不管你是学土木建筑的、机械电子的，或其他专业的，书中关于立志、修身、创业、创新的种种论述能够给你以指点，助你早日成才，早日成功。

此书付梓之际，承洪先生不弃，嘱我为之作跋，我虽不才，但盛情难却，欣然应命，姑且以学习之心得略陈一二，以与青年读者共勉，是为所愿也。

原中国出版工作者协会副主席、科技出版工作委员会主任
中国编辑学会原副会长
中国建筑工业出版社原社长
周　谊
2011 年 11 月

索 引[*]

---

 * 第 4～第 14 篇的索引条目由霍旭辉提出初稿，其余由石振华补充，全书索引由石振华综合、增删、整理、编制而成。